可持续导向的
产品服务系统设计

Design Research on
Sustainable Oriented Product-Service
System

邱 越 ——— 著

北京理工大学出版社
BEIJING INSTITUTE OF TECHNOLOGY PRESS

图书在版编目（CIP）数据

可持续导向的产品－服务系统设计/邱越著. —北京：北京理工大学出版社，2019.2（2021.1重印）

ISBN 978－7－5682－6757－1

Ⅰ. ①可…　Ⅱ. ①邱…　Ⅲ. ①工业设计－产品设计－科技服务－可持续性发展－研究　Ⅳ. ①TB47

中国版本图书馆 CIP 数据核字（2019）第 033736 号

出版发行/北京理工大学出版社有限责任公司

社　　　址/北京市海淀区中关村南大街 5 号

邮　　　编/100081

电　　　话/（010）68914775（总编室）

　　　　　　（010）82562903（教材售后服务热线）

　　　　　　（010）68948351（其他图书服务热线）

网　　　址/http：//www. bitpress. com. cn

经　　　销/全国各地新华书店

印　　　刷/北京虎彩文化传播有限公司

开　　　本/710 毫米×1000 毫米　1/16

印　　　张/11. 5　　　　　　　　　　　责任编辑/武丽娟

字　　　数/256 千字　　　　　　　　　文案编辑/武丽娟

版　　　次/2019 年 2 月第 1 版　2021 年 1 月第 2 次印刷　责任校对/周瑞红

定　　　价/45. 00 元　　　　　　　　　责任印制/李志强

序

　　21 世纪第一个十年，欧洲的一些经济学者在可持续发展的概念下开始研究产品—服务系统（PSS）的潜在价值，并且从经济学和管理学的角度对产品—服务系统的构成、模式等进行了比较深入的研究，并取得了非常有价值的成果。当前，"共享经济"随着互联网平台上共享私家车、共享单车的大行其道而成为经济领域里的热点话题。"共享经济"的很多概念，来自对产品—服务系统的研究。但是，在这个全新而发展迅速的领域，尚未见到从设计理论的角度探索产品—服务系统设计实践中的成败得失的研究成果。

　　对于当下的创新国情来说，认识产品—服务系统独特的产品全链路设计特征具有重要意义。产品作为一个复杂系统，其整体概念中包含"制品—用品—商品—废品—作品"不同属性（五品论，2006），而且这些不同属性在不同阶段所涉及的相关利益者不同，由此出现产业设计概念（而不是行业），所以产品—服务体系不仅仅是针对单一产品的设计行为，更是针对产业链以及产业升级的设计行为。认识产品—服务系统有两个现实意义：第一，针对既有产业行为的问题，能够及时遵循"下段处理、中段干预、上段统筹"原则（可持续环境设计，2013）而采取不同救治、诊断、统筹措施；第二，针对产品链路中"五品"的不同属性定义设计目标。例如，通过"用品"需求定义中所包含的可持续、幸福感意识，发现正确的问题，引导健康消费，拉动制造，创造和谐社会。

　　产品—服务系统设计之所以能够从国家创新战略层面引

领"中国制造"健康发展，在于其能够从"供给侧结构性改革"方面入手，通过设计矫正资源配置畸形，扩大有效供给，提高供给结构与需求变化的相互适应性，实事求是设计制造，有效提高"全要素生产率（TFP）"。

本书作者结合参与 PSS 实际设计工作的体会，对实施 PSS 设计企业进行调研访谈和文献研究，对 PSS 设计从设计目的、设计定位、设计团队、设计决策等方面进行分析与研究，探索其中与传统产品设计的重要区别与特点。

本书采用的研究方法是，首先通过先导性研究对 PSS 设计的各个方面进行分析，确定研究命题，再针对每个命题进行深入的调研、访谈和理论分析，得出结论。研究样本包括作者亲身参与的 3 个 PSS 设计项目，调研的 8 家实施 PSS 建设的企业。对样本企业的高层管理者和设计团队成员共 45 人进行了访谈。

对 PSS 设计的设计目的方面的研究，主要从设计理论、可持续设计以及企业发展战略相结合的角度进行，深入研究了 PSS 设计的哲学目的与企业发展 PSS 的战略目的之间的关系。

对 PSS 设计定位方面的研究，主要关注顾客与企业的利益关系在产品—服务系统中发生的变化，以及由此引起的设计定位方向的变化。

对 PSS 设计团队与设计决策方面的研究，主要关注企业高层管理者在设计团队中的重要性，"可持续设计先锋"在设计团队中的作用，以及重要设计决策的时间点问题。

在任何时候，设计是一种特质，设计是一种活化剂，设计是一种酶，它能够引导人类必需品——产品，在设计—制造—销售—消费—回收过程中，通过服务促进资源合理配置转化。按照 Arnold Tukker 在 2004 年发表的第一篇关于产品—服务体系的论文所述：PSS 从以往产品设计中蕴含服务，到服务行为指导产品设计，经过了一个漫长的演化过程。放眼创新的前景，物联网、人工智能、分布式生产与服务智能化带来的希望如此美好。产品—服务系统设计将所有这些创新因素结合在一起，为人类的发展而协同工作，必将成为设计创新的重要领域。

2018 年 2 月于北京

目 录

01

第1章
绪论

可持续导向的产品－服务系统设计

1.1　对产品—服务系统的设计研究

产品—服务系统（product - service system，PSS）是可持续发展思想近十几年来发展的产物，也是可持续设计思想中"用服务替代产品"概念的具体实现。最近十几年，可持续发展思想在社会生活中的各个领域都得到了快速的发展，在设计领域发展出了比较系统的可持续设计理论并进行了大量的可持续设计实践。

可持续设计的目标是通过设计，使得产品本身以及消费这些产品的社会尽可能少地占用自然资源，尽可能少地留下环境印记。例如尽可能少地消耗能源和排放有毒有害物质等。可持续设计理论自然而然地提出了"以服务替代产品"的可持续发展策略，并将与之相关的系统称为产品—服务系统。

以服务替代产品的基本概念是，用户需要的并不是产品，而是某种功能的实现。例如用户需要的并不是吸尘器，而是干净的地板。如果通过服务帮助用户清洁地板，用户就不必购买吸尘器了，从而自然地就实现了最少环境负担和最少资源消耗。实践中需要将产品与服务整合成一个系统，为用户提供其所期望的功能。这就是本研究所讨论的产品—服务系统。

系统目标功能不同，使产品与服务在系统中所占的比重有所不同。实践中，有几乎完全由服务构成的系统，也有以产品为主体、以服务为线索加以串联的系统。通信公司提供的语音留言服务是最典型的偏向服务的产品—服务系统，通信公司通过提供语音留言服务，彻底淘汰了电话答录机，完全表现出以服务代替产品的特点。而在复印机租赁、重型设备租赁、汽车分享等系统中，产品作为完成功能的主体，依然占有重要的地位。

与传统产品的工业设计相比，产品—服务系统设计具备很多新特点。

1. 设计指导思想不同

产品—服务系统本身是可持续发展思想的产物，其存在的意义在于其在为企业提供利润的同时，具有资源、环境与社会的可持续性。产品—服务系统中的产品设计目标、设计方法及实现手段都与传统的租赁产品或服务用产品的设计有很大的不同。可持续设计理论要求在产品设计的全过程中坚持可持续发展的思想，在产品设计目标设定、产品设计方法、产品资源和能源利用、环境影响测量与控制等方面贯彻可持续发展的思想与方法。在产品—服务系统的体系设计中必然要运用可持续设计理论与方法，但是"服务"这个变量的加入，使得这种运用又具有其特殊性。作为可持续设计理论的一部分，对产品—服务系统的体系设计以及其中产品的设计特点进行研究，对于充实与发展可持续设计理论，具有重要的理论意义。

2. 设计面对的各项设计因素不同

产品—服务系统的可持续性要求，决定了在体系设计时要将可持续发展思想与服务设计的理论相结合。这种结合使产品—服务系统设计在设计目标、设计方法等方面产生了一系列变化，使得体系的设计与传统的服务设计有很大的不同。作为产品—服务系统中重要组成部分的产品，在设计时必然受到整个系统设计思路改变的影响。在产品设计时要考虑的社会因素、用户因素、购买方式、包装与运输方式、使用方式、回收与再利用方式、废弃方式等都与传统的租赁产品或服务用产品设计有很大的变化。对这些变化及设计特点加以研究，对于此类产品的设计实践具有重要的指导意义。

3. 设计的评价体系不同

在产品—服务系统中，对设计的评价不仅要运用传统工业设计理论中的评价体系，还要运用可持续设计理论中的评价因素以及服务设计中的评价标准。对系统中产品设计评价体系的研究对于发展可持续设计理论以及指导设计实践都具有重要的意义。

因此，对产品—服务系统的体系设计进行理论研究，将主要分析研究上述新特点对设计工作带来的影响。

1.2　可持续发展的重要趋势

1.2.1　关于可持续设计

环境保护的思想对社会发展与社会生活产生影响是从 20 世纪下半叶开始的。美国科普作家卡尔森的作品《寂静的春天》强烈冲击了人类的自然观。美国系统思考大师德内拉·梅多斯等人著作《增长的极限》影响了人类的发展观。20 世纪七八十年代，"绿色和平"运动轰轰烈烈，是人们对生于斯养于斯的地球的未来、对子孙后代的未来极为焦虑的心情表达。1990 年里约热内卢地球峰会和 1997 年京都议定书的诞生，象征着全球各国人民为保护地球环境采取共同行动。

环境保护行动是一个具体而细致，需要坚强、勇气与执着精神的活动。如今，环境保护、可持续发展思想已深入各个领域。

在设计领域，可持续设计（sustainable design）有时也称作"环境意识设计"（environmentally conscious design）、"绿色设计"（green design）和"生态设计"（ecological design）等。它是近年来发展出的在设计中关注环境与可持续发展议题的思想和方法的总称，是可持续发展与环境保护思想在设计领域中思考与行动的成果。

可持续设计是指通过设计，使产品、建筑和环境、服务等符合经济的、社会的和生态学的可持续发展原则。其涉及的范围从微观的日常用品到宏观的建筑、城市乃至地球及地区的生态环境。其目标是使设计客体如地区、产品、服务等减少对不可回收资源的使用量，减少环境冲突，加强人们与自然环境的联系。[1]现在，可持续设计已经被看作实现可持续发展的必要手段。可持续设计中的某些工具如"生命周期管理"（life-cycle management）、"生命周期评价"（life-cycle assessment）等在评价环境冲突和设计结果的"绿色"程度方面被广泛运用。

可持续设计的战略途径有以下七个方面。

1. 低环境影响材料

在设计中选择无毒、可持续产生或可回收循环利用的低能耗材料。

2. 能源效率

设计对象在制造、生产和使用过程中具有低能耗特征。

3. 质量与耐用性

功能好而又耐用的产品具有较低的更新频率，减少产品更新带来的环境影响。

4. 为再生循环利用而设计

在设计的产品、过程和系统中充分考虑"后寿命"阶段的商业处理。

5. 减少环境影响的设计结果具有可测量性

任何产品或服务对地球环境及资源的总体影响是复杂且难以估计的，但通过某些关键指标可以对设计结果进行快速而较为准确的估计。如单位经济消费能耗和单位 GDP（国内生产总值）碳排放量等。

6. 仿生学设计

这里的仿生不是指单纯形态方面的模仿生物，而是指以生物学线索重新设计工业系统，使可以重复使用的材料不断进行封闭循环。

7. 服务型可持续发展

将个人拥有产品的消费模式提升为通过提供服务而满足类似的功能要求，使单位资源消耗最低，此系统即产品—服务系统。

以上七种途径是联合国环境规划署（UNEP）推荐的可持续设计战略。[2]今天，可持续设计在工业设计领域已经取得了长足的进展。

在设计目的方面，可持续设计理论已经将经济、环境、社会的共同利益作为设计的最终目标与出发点。1987年出版的"波特兰报告"是可持续发展思想的重要文献，其中为可持续发展下了如下定义："To meet the needs of the present without compromising the ability of future generations to meet their needs."（满足目前的需要不能损害我们的后代满足他们的需要的能力。）[3]可持续设计理论认为，经济利益、地球环境、社会利益是产品设计的三条底线，工业生产应该从传统的以经济利益为中心扩展到将社会利益与环境利益包括在内。近20年来，工业界越来越多地承担了社会与环境义务。实践表明，注重环境利益与社会利益可为企业带来更多的经济效益。改进与优化材料应用和生产工艺能带来材料与能源消耗的减少，进而促进产品材料与生产成本降低。从20世纪90年代开始，各国企业大规模地贯彻ISO 14000系列国际标准，以持续有效地管理与改进企业的环境保护。在社会利益方面，可持续设计理论引入"利益相关方"的概念，将企业股东、企业员工、企业所在地社区居民、销售渠道人员、用户、产品回收与维护人员、政府等社会各方的利益在设计阶段加以考虑，以求得社会利益的最大化。这些发展不仅改进了企业的环境表现，也提高了企业的经济效益。同时，良好的环境记录与社会效益记录已经成为企业社会形象和产品品牌形象的重要组成部分。

在设计范围方面，可持续设计理论已将产品从创意概念、材料选择与使用、产品使用方式、分销方式、运输与包装、使用、维护与维修、回收与再利用，直到废弃处理的全过程纳入设计范围。要求在产品设计过程中对上述所有环节进行设计，充分减少产品全生命周期内的环境负担，并提出了"生命周期管理"这一重要的设计思想。

在设计方法方面，可持续设计理论已经在设计目标制订、符合可持续要求的材料选择方法、分销方式设计、包装与运输设计、使用方式设计方面提出了贯彻可持续发展思想的一系列做法。加上近20年来发展与积累的多种 DFX 方法（design for x，面向产品生命周期各环节的设计），以及以"产品生命周期评估"为主要手段的产品环境影响评估方法，可持续设计已经具备了相当强的可操作性。在学术机构、企业以及包括联合国环境规划署在内的各国政府机构的努力下，可持续设计已经积累了相当数量的成功实施案例。[2]

由于发展历史较短，可持续设计在许多方面还有很大的发展与深化空间。与每天发生的产品设计实践相比，按照可持续设计理论进行的设计实例凤毛麟角。在理论上有待深化的主要有以下几个方面。第一，设计成果的环境影响程度评估非常复杂，成本也非常高，同时结果的可靠性很难核实。目前在可持续设计实践中领先的知名企业，都研发了供自己使用的简化型生命周期评估方法。但这些简化方法的效果还有待观察。第二，由于工业设计牵涉的行业非常广泛，在可持续设计理论的大框架基本确立的今天，涉及各种不同行业的运用研究还很薄弱。第三，可持续设计与企业整合过程的理论研究还不充分。因为设计在企业行为中处于核心地位，改变设计理念会影响企业从发展战略到生产工艺管理乃至包装运输的各个环节。目前的可持续设计理论还没有形成一套完整的与企业高效率整合的方法。

1.2.2 关于产品—服务系统设计

产品—服务系统是可持续发展思想在工业经济领域的反映之一（图1-1）。

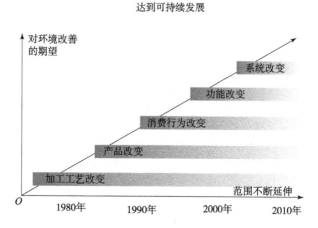

图 1-1 达到可持续发展的途径

从 20 世纪 80 年代开始，可持续发展思想开始影响工业领域。这种影响是由浅入深地逐步进行的。开始阶段影响的是制造与工艺过程，然后是产品的变化，进而引起消费观念和消费行为的变化。从 90 年代中期开始，这种变化已经深入到产品的功能设计方面。到 2000 年前后，学术界和工业界已经在努力将产品及社会与环境作为一个系统，在产品及服务的设计中加以考虑。PSS 就是这种考虑的结果之一。

PSS 的核心思想是用无形的服务取代部分有形的产品，让有形的产品因为与服务结合而更加高效，为用户提供其所需要的功能满足，降低总的环境影响与资源消耗。这个系统是具备市场竞争力的，能够为企业带来经济利益。一个设计和运行良好的 PSS 可以给所有的利益相关者带来好处。当前，对发展 PSS 的动机、效益、实施障碍等方面的研究已经比较成熟，以下做一简要介绍。

1. 产品—服务系统的定义

联合国环境规划署技术工业与经济部在"产品—服务系统与可持续发展"报告中为 PSS 给出了这样的定义："产品—服务系统可以定义为一种创新策略的结果，该策略将商业焦点从仅仅设计与销售有形的商品转变为销售一个由产品与服务共同满足客户特定需求的系统。"[4]这样的系统使企业从提供工业生产过程的产品转向为用户提供由产品和服务相互依存的系统，以满足其特定的需要。一般来讲，这样的过程将企业与用户的互动从销售环节延伸到使用与服务环节，对产品的关注从生产、销售延伸到使用、保养维护、维修、回收再利用及废弃过程（图 1－2 和图 1－3）。

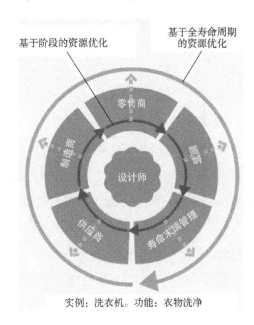

实例：洗衣机。功能：衣物洗净

图 1－2　可持续设计思想围绕产品（洗衣机）生命周期进行资源优化

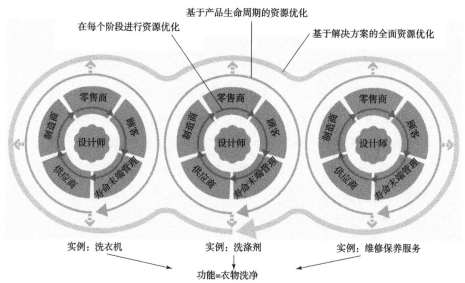

在每个阶段进行资源优化

基于产品生命周期的资源优化

基于解决方案的全面资源优化

实例：洗衣机　　　　实例：洗涤剂　　　　实例：维修保养服务

功能=衣物洗净

图 1 - 3　PSS 的可持续设计思想，将洗衣机、洗涤剂与服务包括在内进行系统优化

2. 实施 PSS 的动机

一般研究认为，实施 PSS 是企业策略创新的产物。企业实施 PSS 的动机可以是为了将其利润与资源消耗的联系方式加以分散以及与生活标准提高相联系，可以是为了寻求新的利润增长点，可以是为了提升竞争力，还可以是为了在减少资源消耗的同时产生新价值与好的社会形象。归结起来，企业实施 PSS 的动机主要是因为服务具备以下使企业与消费者和环境取得"三赢"的特点。

首先，服务为产品生命周期提供了附加价值。企业方面要在功能与耐久性方面向用户提供保证。同时，一般的服务合同都约定在特定的时间内，企业向用户提供产品的运行管理、保养维护、修理、升级和置换服务。合同期满之后，企业还要收回产品并进行翻新再利用或废弃处理。在这些过程中企业都可以获得利益。从用户与环境方面来看，企业比传统方式下更加注重产品的耐久性、可升级性与可维护性，追求翻新利用、高效拆解和无毒害废弃的设计，使产品对环境的影响减小。

其次，服务为用户提供了"完整解决方案"。产品与服务的混合，可以最大限度地满足每个客户的特定需求。用户仅需为其需要的功能付费，不必承担拥有产品而伴随而来的成本。典型的例子是建筑物空调与供暖系统的 PSS 方式。在这种模式下，产品的材料消耗、功能消耗与能源消耗都因为 PSS 的实施而降低，并导致用户支出和环境影响降低。

最后，服务为用户提供了"能动平台"。用户采用租赁或分享的方式取得产品的使用权。可以是一次使用或在一定时期内使用。在实践中可以用较少的产品满足较多用户的需要，提高产品与材料的利用率。同时，分享式或集约式的产品使用方式使得经济而高效地更换磨损部件或升级核心部件得以实现。专业化程度越高，功能与生态效率也就越能得到提高。[4]

3. PSS 与经济转型

PSS 是依靠当前的技术发展与社会文化，基于系统设计的一种商业战略。尽管传统的以占有产品为首要目标的消费方式和生活水平衡量标准已经根深蒂固，但现在，不管发达国家还是发展中国家，越来越多的人无论在商业领域还是在生活消费领域都不断提及"外部资源""灵活性""可适应"等词语。PSS 是一套利用飞速发展的信息通信技术铰接而成的系统，在快速发展的消费市场中，PSS 越来越显示出灵活性与快速反应的优势。尽管商业模式的转变并不一定意味着可持续性的提高，但信息通信技术确实给企业创造高生态效率的 PSS 商业模式带来了机会，例如以软件替代硬件引发的非物质化，企业可以在系统水平上与用户进行互动和管理。

4. PSS 遭遇的障碍

PSS 遭遇的障碍来自各个方面。在社会文化方面，接受不拥有产品，只拥有服务与功能的方式需要时间。在商业方面，PSS 带来的经济与环境效益很难量化，而这些效益又恰恰是企业内部与外部利益相关方在参与决策时所关心的。因此，PSS 在设计、发展、分销方面都有很多课题需要研究。在实施 PSS 项目方面，企业还面临组织结构与文化需要从面向产品的模式向面向系统创新与服务的模式转变。因此，很多成熟企业将 PSS 视为在发展中幸存下去的机会，而新兴企业则将其视为进入新的市场领域的契机。

很多研究指出了 PSS 发展中面临的主要障碍。联合国环境规划署技术工业与经济部在"产品—服务系统与可持续发展"报告中列出了 PSS 面临的主要障碍。

（1）服务设计的方法与工具。

（2）企业用以评价和实施 PSS 的新工具。

（3）服务管理系统。

（4）企业在提供服务与产品生命周期控制方面的技巧与成本核算方式。

（5）企业内部现行管理程序与新业务模式的冲突。

（6）与提供产品相比，提供服务有时候更容易被竞争者所取代。

（7）与合作企业的合作带来的核心竞争力的削弱以及决策中的拖延与障碍。

从文献研究的情况看，在工业经济领域的大框架下，PSS 的必要性与可能性已经研究得较为透彻。在实践层面上，对于 PSS 从设计到实施的具体指导性的理论与方法研究还做得很少。本研究将从工业设计的角度，对 PSS 的设计目的、设计方法、设计程序与设计实践进行较为系统的研究，丰富实施 PSS 项目所需的理论基础。

1.3 从设计研究的角度看产品—服务系统

本研究的主要内容为对 PSS 设计进行理论与方法探索，寻找并总结其规律。设计工作固有的艺术性、创新性，创造优秀作品的偶然性，工业产品与生俱来的技术性与科学性要求等复杂的因素交织在一起，使设计研究的内容丰富多彩。一般说来，设计哲学的理论研究是为了解决"为谁设计"的问题，也可以理解为探寻设计的目的。关于设计方法的研究主要是探讨如何使设计作品符合设计目的。

从为实践服务的角度，本研究在设计哲学方面将重点研究可持续发展思想的影响，以及产品—服务系统的可持续目的的影响，使 PSS 的设计目标发生了哪些变化；这些变化与传统工业设计中的设计目的之间的关系如何协调，如何取舍和侧重。在设计方法方面，重点研究设计程序中应如何涵盖新的设计目的以及 PSS 设计团队与决策方式的特点。

具体的研究内容和目的可以包含以下几方面。

（1）可持续发展思想对设计产品与产品—服务系统的影响。探讨在以可持续发展为重要目标的情况下，PSS 的设计哲学应该做出哪些调整。尤其是产品方面，作为产品—服务系统中的物质载体，其设计的目标与一般产品有哪些不同之处。这里要厘清产品及 PSS 与环境和资源的冲突点、产品的社会性方面的冲突点。系统中产品与服务之间的功能划分与互相依存的关系也是一个非常重要而有趣的问题。

（2）PSS 中的产品与创新。具体包括研究 PSS 的创新因素及特点、PSS 中创新的过程与规律、PSS 中的产品创新与服务创新的关系、基础设施和政策的发展变化对 PSS 创新的影响、设计概念的产生与实现，重点研究在我国这样的发展中国家中 PSS 及产品创新的出发点和特点。

（3）建立 PSS 中产品设计定位方法。产品设计定位是设计哲学的具体贯彻。这部分是 PSS 产品设计研究的重点，将可持续设计与 PSS 设计的哲学目的和产品定位、设计边界和设计目标的确定相结合，探索 PSS 中产品设计的定位规律。产品设计定位是一切产品设计工作的关键环节，其成果是产品设计目标清单（又称产品设计规格表），而清单是决定产品设计方向和考核、评价设计工作质量的标准。简单来说，设计定位的依据包括产品的使用者、使用环境和使用目的，要考虑的因素包括企业策略、企业资源、市场竞争、成本与利润、企业社会责任。在可持续设计思想和 PSS 设计目标的共同作用下，产品设计定位工作的依据与传统的产品设计定位工作的依据相比发生了很大的变化，设计要素的边界大大扩张。材料的使用、包装与分销的方式、使用方式、产品翻新、回收、再利用、废弃的方式都随着 PSS 设计运行模式的变化而发生了变化。

（4）结合具体设计案例，研究 PSS 中的产品设计实施方法的特点。研究包括项目选择、项目可行性评估、设计团队的组成、项目计划、公司战略项目动机和目标分析。本研究将对产品设计与服务系统设计相结合条件下的设计要素进行分析与研究，摸索其内在规律。PSS 是一个整体，企业对产品拥有很大的控制权和责任，而且信息通信技术的发展使企业在服务模式与服务流程设计上具有很大的灵活性，所以在产品设计方面如何将 PSS 的功能要求与产品自身的设计要求相统一，找到最适合市场与用户需要，又符合可持续发展要求的产品解决方案是设计师面临的新问题。

（5）探索 PSS 设计中设计团队的构成特点和决策特点。与设计实施密不可分的就是设计团队与决策流程。在 PSS 设计中，设计团队的构成与传统产品设计团队有怎样的不同？设计决策的过程又有哪些值得注意的新特点？这两个问题对于实施 PSS 设计的企业与设计团队来说意义都很大。

这些方面都是 PSS 在实践中必须面对，而在目前的国内外设计研究中尚未解决的问题。本研究希望在这些方面取得有价值的成果，为中国的 PSS 设计实践提供帮助。

1.4　研究方法

1.4.1　研究样本的选择

从文献报道看，PSS 在国外大约于 20 世纪 90 年代后期出现，2000—2005 年，欧盟资助了一些有关 PSS 发展的研究，探索 PSS 功能经济的发展方向。目前欧洲和美国主要是 B2B（企业对企业）方式的 PSS 发展得较多。

在我国，PSS 是一个全新的概念，目前进入实际应用的 PSS 实例很少，行业分布也没有规律性。但从作者参与设计的实际案例和调研情况看，实际实施的 PSS 是具备市场生命力的。本研究调研的样本主要是作者参与设计的 3 个 PSS 设计案例和几家已经或正在设计实施 PSS 以及可持续设计方面项目的企业。企业地域主要分布在北京、上海、杭州等地，行业分布也比较广泛，有从事传统的中央空调设备制造的企业，有新兴的电力谐波污染治理设备与服务企业，也有网络教育服务企业，还有影视剧拍摄设备租赁服务业，等等。

访谈调研涉及的企业状况见表 1－1。

表 1-1 调研涉及的样本企业项目情况

编号	项目内容	项目实施情况	研究方式
1	公共建筑中央空调 PSS	已实施	调研访谈
2	网络英语学习 PSS	已实施	参与设计
3	影视剧拍摄摄影器材、录音器材、灯光、服装 PSS	已实施	调研访谈
4	中小型超市可持续设计策略研究	已实施	参与研究
5	用电设施谐波治理设备 PSS	设计中	参与设计
6	工业交换机可持续设计	设计中	参与设计
7	智能电网试验研究设备 PSS	设计中	调研访谈
8	中央空调送风管道卫生监测机器人 PSS	已实施	调研访谈

涉及的企业（项目）共 8 个，其中作者亲身参与设计的项目 3 个，参与研究的项目 1 个，进行调研的项目 4 个。访谈的人员涉及高层管理者、中层管理者、设计师、工程师、财务管理者等共 45 人。有些访谈对象比较熟悉，作者有机会经过一些初步整理和思考之后，对其进行再次访谈，以更加明确一些事实与看法。

调研涉及的人员构成见表 1-2。

表 1-2 调研涉及的人员构成

编号	项目内容	访谈高层	访谈中层	访谈设计师、工程师等
1	公共建筑中央空调 PSS	1	1	0
2	网络英语学习 PSS	2	2	4
3	影视剧拍摄摄影器材、录音器材、灯光、服装 PSS	1	1	2
4	中小型超市可持续设计策略研究	1	2	2

编号	项目内容	访谈高层	访谈中层	访谈设计师、工程师等
5	用电设施谐波治理设备 PSS	2	4	3
6	工业交换机可持续设计	3	3	4
7	智能电网试验研究设备 PSS	1	1	2
8	中央空调送风管道卫生监测机器人 PSS	1	1	1
	合计访谈人数	12	15	18

1.4.2 研究方法的选择

研究方法包括研究方式、研究类型、研究步骤等方面。社会科学方面已有一些比较成熟的研究方法。[5][6][7]

1. 研究方式

Robson 对研究初期选择研究方式的描述是这样的：从研究目的出发，可以将研究方式分成三类：探索型、描述型和解释型。

探索型：研究目标是正在发生什么；对新兴事物或现象提出问题并深入观察和理解。

描述型：研究目标是对已经存在的某种客观存在的重点部分进行剖面式的描述，要求研究者对于这种客观存在有坚实的知识掌握。这种知识能使研究者选择最有意义的方面进行研究，探求真相。研究可以是定性的，也可以是定量的。

解释型：研究者建立一个典型环境并解释它。这个典型环境可以是某个问题的模型或例子。研究工作主要是收集数据（定性的或定量的），并通过数据分析解释导致问题发生的原因。

PSS 设计和可持续设计都是新兴事物。可持续设计发展的历史较短，PSS 设计的历史就更短了。国内 PSS 设计的案例也非常少，设计经验缺乏。另外，有关工业设计的理论如果从包豪斯算起已有80多年了，从20世纪50年代德国ULM设计学院开始到20世纪八九十年代，设计理论界对于产品语意与象征特性的研究已基本形成了较为完整的理论体系。对于设计方法的研究也比较深入和成熟。而作为PSS设计重要组成部分的服务设计却是新生事物，从方法到原理都还不甚清晰。从这个实际出发，作者认为目前对PSS设计进行研究应该以探索型为主，适当结合描述型研究。对于PSS设计中涉及可持续设计方面和服务设计方面的因素，更多的是从探索的角度描述与分析现状，发现问题并试图理解它们。对于涉及工业设计方面的因素则用探索与描述相结合的方式，剖析PSS设计中对设计目的、设计定位、设计方法与团队决策影响较大的特点。

解释型的研究方法对于本书的研究内容并不适合。

2. 研究类型

研究类型可以分为定性研究和定量研究两大类型。社会科学研究对于将研究分成定性与定量两大类尚有一些质疑。有人主张这两种类型的研究应该分开。[8][9]也有学者主张不必进行严格的划分。甚至对于这两种研究的定义也有争议。根据查阅的文献，作者对定量与定性研究的看法如下。

定性型研究：研究的主要目的是探索新的现象和领域并产生相关的理论。一般来说是有关社会人文学科的领域，不需要以统计数据来证明假设，而是希望通过研究，对该领域的现象能够更好地理解并找到一些规律。在这个过程中，数据的作用是帮助研究者发展出对新事物的理解。研究者往往通过一些先导性的研究和实践，找出研究对象中他认为比较重要的问题，再通过访谈、数据采集、推理和归纳的方法将问题研究清楚。[8]

定量型研究：通过经典的数据采集与分析方法，了解事实的真相，回答实践中的问题，找到答案。研究方式一般是描述型或解释型的。研究过程一般包括测试、测量和实验。数据采集与数据分析一般分两个阶段进行。需要研究的问题往往早就呈现在研究者的面前，研究者在研究的初期就能够清晰地描述需要研究的问题和假设。

PSS 设计的目的与方法研究显然属于定性型研究。我们通过先导性研究，结合设计经验，找出 PSS 设计中我们认为比较重要和有特殊性的一些重点问题加以研究，试图更好地理解这些问题或找到相关的规律。具体方法是通过调研访谈和亲身实践，发现样本企业在 PSS 设计中有些什么经验，提出合理的假设并验证，将这些经验总结成规律性的方法。

3. 研究步骤

综合以上情况，本研究分为两个阶段。

阶段一：先导性研究阶段。经过文献研究和亲身实践，确定研究工作的主题和即将进行的是探索型的定性研究。同时，综合亲身实践、文献研究、问卷与访谈，确定本研究的一系列主要命题。

阶段二：深入研究阶段。针对主要命题，在尽可能多的调研对象企业进行系统的、细致的调研访谈和问卷调查工作，以对这一系列命题进行研究与验证。调研对象包括被调研企业的高层管理者、设计部门主管以及设计团队成员。综合分析调研结果，对命题进行细致的论证，得到最终的结果。

4. 这种研究方法的利弊探讨

利：先导性研究的依据主要是作者本人亲身实践的 PSS 设计项目。通过对设计实践中实际遇到的问题的思考与筛选，选择作者认为比较重要、对设计实践影响较大同时又具备一定理论意义的问题，作为本研究的命题。这样发现的问题比较有针对性。同时，对于这些问题又有比较长时间和比较深入的思考，从而对于这些问题的解决方向有比较明确的把握。

在有了明确的研究命题之后，可以从容细致地对这些命题涉及的各个方面进行调研与信息收集，从而对这些命题得出较为明确的结论。

弊：由于这些研究命题主要来自先导性研究中作者的亲身实践

和调研结果以及对文献进行的研究，难免有一定的片面性。也许在 PSS 设计中有的命题比目前作者提出的命题更加迫切，理论意义更大。这样，研究有可能存在片面性，也有可能一叶障目。对于这种弊端，有两种规避的办法。一种是在文献研究阶段尽可能涉及较多的学术文献，努力避免这样的情况发生，尽可能不出现原则性的偏差。另一种是在第二阶段研究中尽可能调研较多的企业与设计案例，对尽可能多的设计团队进行访谈，确认这些命题的有效性和理论性，必要时对命题进行调整。

本研究的目的是从设计理论与实践的角度对 PSS 设计中影响设计工作的比较重要的问题进行定性探索，以求为 PSS 的设计实践提供理论帮助。所以，对从设计实践中发现的问题进行深入的理论探讨，不论这些命题是否真正重大，是否全面，都是有益的。

5. 关于三角测量法的运用

本书将采用社会科学定性研究中的三角测量法进行研究。三角测量法依据三角学的原理，将一块被测量的区域划分为三角形，如果该三角形的一条边已知，另两条边所对的角可测量，则可计算得出另两条边的长。

这个测量学中的术语在研究领域发展成为一种验证数据的方法，将从不同来源得到的信息加以比较与分析，得出较为一致的结论。[10]

本研究中有以下几方面的信息来源。

（1）通过观察、经验和文献研究弄清设计师和管理者在 PSS 设计中做了些什么工作。

（2）通过访谈、问卷调查的方法了解他们如何看待他们所做的各部分工作。

（3）对照亲身参与设计实践的体会，找出他们以上想法中哪些是比较重要的。

（4）参考文献和报告，分析以上内容。

在先导性研究中，综合以上几方面的观察与思考，定出本研究的主要命题，在后续研究中加以验证与分析，得出结论。

1.4.3 小结

综合来看，本研究是一个社会科学方面的研究课题。制定研究策略主要包括确立研究目的、确定研究方式、确定研究类型、确定研究步骤等几个环节。

最终确定的研究策略如下。

本研究的方式：以探索型为主，描述型为辅。

本研究的类型：定性研究。

本研究的步骤：①先导性研究，确定研究命题。②针对命题进行深入调研、访谈。③分析调研访谈结果，对命题加以论证，得出结论。具体研究步骤如图1-4所示。

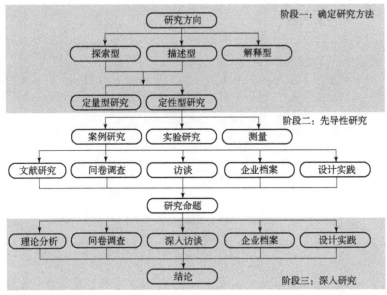

图1-4 制定研究策略的环节（图中将确定研究方法作为第一阶段）

02

第2章
可持续设计理论

可持续导向的产品－服务系统设计

2.1　人类、社会与环境影响下的设计

设计伴随着人类的发展。锋利的石器很好地证明了我们的远祖具备很强的设计能力，他们利用自然材料的各种性能，塑造形状，赋予其实用的功能。从人类的发展过程中可以看到，我们不断地增强着这种能力，享受着这种能力。然而，我们明白，许多资源不是无穷无尽的。近40年来，资源匮乏和环境污染危机不断逼近，且速度不断加快。Ponting 在 20 多年前描述了由人口增长带来的资源匮乏和环境问题："在 20 世纪 80 年代，地球必须支持每年 9 000 万的人口增长，这是 2 500 年前的世界总人口数。这些新增人口必须吃、住、穿、用。即使每个人的资源消耗保持不变，总人口数的巨大增加必将使资源需求突破地球所能提供的极限。其中大部分的需求是人类生存的基本需要。"[11]

在全球很多地区，温饱问题还没有彻底解决。而在发达国家和地区，温饱早已不是问题，富裕的人们在不断产生新的渴求并设法加以满足。近年来，人口增长以及世界各国的人们以舒适的西方生活方式为追求目标，使世界范围的产品消费增长。Bonsiepe 关注并针对这些问题提出改变的必要性："不容置疑的环境恶化带来了这样的疑问：工业化真是为世界创造幸福和财富的法宝吗？""忧虑环境和设计有着必然的联系。我们可以思考有关环境的美德。可能其中之一是吝啬。可能今后几年会出现一种强有力的思潮，引发吝啬的设计。因为我们动态的生态系统已不能负担单纯外延式增长的设计思路。"[12]

2.1.1 环境与设计问题简史

20 世纪 60 年代后期至 70 年代早期被看作环境主义运动的第一波。Madge 在著作中对此进行了描述[13]。环境运动的源头可以追溯到 1962 年 Carson 女士描述世界性环境灾害的著作《寂静的春天》[14]。公众对环境问题关注在 70 年代早期达到一个高点，其标志是 1972 年联合国 "人类与环境会议" 在斯德哥尔摩举行，并通过了《人类环境宣言》[15]。在此阶段，关注环境问题的设计界著名人物是 Victor Papanek。在著作《为真实的世界而设计》（*Design for the Real World*）中，Papanek 对设计师在不负社会责任的产品出现的过程中扮演的不光彩角色提出了质疑。他指出，设计师对于通过产品设计，达成为社会提供更加有用的产品与服务负有重大的道德责任。他在书中对设计师提出的诸多要求过于苛刻，以致在 70 年代的设计界几乎找不到同盟者。但是随着时间的流逝，他的观点被越来越多的青年设计师所接受[16]。

紧随第一波环境主义运动之后的是一段长时间的静默。在 80 年代上半叶，消费至上主义和社会富裕大大改善了西方生活方式。但是随着 "一次性" 产品风潮的出现，环境进一步受到破坏。1972 年联合国人类与环境会议召开，随后，联合国环境规划署（UNEP）成立，负责推动环保行动。许多国家也渐渐制定了环境保护政策。1982 年，联合国回顾了 1972 年人类与环境会议的成果，发现会议的主要成就集中在人类发展方面，在环境与世界发展方面进展甚微。因此，一年之后，联合国大会设立了世界环境与发展委员会（WCED），由当时的挪威首相布伦特兰夫人（Harlem Bruntland）领导。WCED 的任务是重新审视环境与发展方面的关键议题，并规划创新，提出针对这些议题的具体实现目标。5 年之后的 1987 年，WCED 出版了题为 "我们共同的未来" 的报告，提出了

"发展应该既满足我们当前的需要，同时也不会损害下一代满足他们的需要"的著名观点，现在这份报告常被称为"布伦特兰报告"[3]。这一著名的报告成为第二波环境主义运动的标志。在这一波运动中，环保知识日益丰富，环保热情持续上涨，社会大众受到感染，工业界开始理解这种知识与热情将带来的效果。

布伦特兰报告在80年代消费主义达到高潮时发表，从那时起，出现了标榜"绿色"的产品。同时，消费者开始试着将他们的购买力转向在生产中对环境影响较小的产品。这样，生产者就同时受到消费者和法令法规的影响。

"一项消费者研究发现，消费者对环境冲突的关心正在不断上升。这将要传导到需求行为之中。包括生产过程、产品及服务。"[17]

1992年，斯德哥尔摩会议召开二十周年纪念日，地球峰会在巴西里约热内卢举行。大会通过和签署了5个国际性的环境保护文件，它们是《里约环境与发展宣言》《二十一世纪议程》《关于森林问题的原则声明》《气候变化框架公约》和《生物多样性公约》。这次大会增强了各国对环境问题及采取措施保护人类环境迫切性的认识，使环境保护与经济发展密不可分的观点被各国广泛接受，启动了南北对话，增强了发展中国家的团结，维护了发展中国家的利益，并为将来取得更大的成功奠定了基础。

10年之后的2002年8月26日至9月4日，联合国在南非约翰内斯堡召开了可持续发展世界首脑会议，会议通过了《可持续发展世界首脑会议报告》和《执行计划》，再次提醒全世界把眼光集中在人类可持续性发展的目标和面临的挑战上。

1. 关于可持续发展目标

可持续性发展面临许多挑战：我们如何在人口日益膨胀的情况下，对粮食、饮水、住房、卫生、能源、保健服务和自身安全等人类赖以生存的生态环境加以保护？我们又如何在战胜贫困的同时不至于过度利用地球有限的自然资源？我们能否确保子孙万代不至于因为我们今天对资源的浪费和对环境的破坏而面临生存的困境？联合国秘书长安南曾说："我们生活在同一个星球上，由一个决定我们生活的生态、社会、经济和文化关系的微妙而错综复杂的网络，把我们联系在一起。要实现可持续性发展，就必须对所有生命依存的生态系统，对彼此作为整个人类大家庭的一分子，以及对我们的子孙后代承担更大的责任。2002年约翰内斯堡首脑会议提供了一个机会，让我们重新努力，建立更可持续的未来。"[18]

2. 关于人类面对的挑战

联合国经济及社会发展事务处2002年发表的"全球挑战全球机遇"报告提供的数字向人类发出了严重警告。报告说，截至2002年全球有10亿人缺乏洁净的饮用水，全世界有40%的人口面临水资源的短缺。到2025年，全球将有35亿人缺少水资源，占全球总人口的50%。而非洲和西亚是世界上水资源短缺最严重的地区。报告还说，20世纪90年代，世界各地，特别是亚洲和北美洲的矿物燃料消费量以及二氧化碳废气排放量继续上升。全球气候变暖的迹象越来越明显。报告接着说，一些发展中国家的粮食生产已经无法满足日益增长的人口对粮食的需求。土质退化、土地被过分耕种或土地沙化将在粮食安全方面给人类造成严峻挑战。此外，20世纪90年代，全球有9 000万公顷的森林被毁。全球有9%的树种陷于濒危境地，对生物多样化构成了严重威胁。全球最不发达的国家中，死于与环境污染有关的疾病的人数不断上升，每年仅污染水造成的生命损失就高达220万，而发展中国家的婴儿死亡率则比工业化国家的要高出10倍。[19]

大的商业公司，特别是大型跨国公司被鼓动向发展中国家注入更多资金，与各级政府和当地人民一道结成一种环境与发展的新型伙伴关系。[19]这种关系的精髓就是把改善社会、环境和经济发展融为一体，切实可行地做到既能促进发展，又能保护生态环境。这是约翰内斯堡高峰会议所期望达到的可持续发展的目的。

2.1.2　工业界的行为动机

现代设计业的直接服务对象是工业界。工业界注意到可持续发展问题并致力于持续改善环境的动机主要源于以下三个方面。

1. 法规要求

工业部门持续受到不断增加的政策法规的影响。如包装法规、关于影响臭氧层的 CFC 类气体排放法规、工业废弃物填埋法规，以及产品责任法规等。

"公众的关心不断增长，带来越来越多的法规，用以控制工业界的行为。法规涉及的范围因国家或地区有所不同，但可以肯定的是法规的数量在不断地增加。" "为了适应法规的要求，有些工业部门必须做出重大的改变。而这种改变首先会从设计的改变开始。"[20]

1991 年，欧盟宣布电气电子废物已经成为首要的废物流，引发欧洲电气电子产业对其产品与环境的关系进行深入研究，促进了欧洲电子产品企业在可持续发展方面的长足进步。[21]

2. 竞争

在一些工业领域可以看到，当一个企业改进其产品的环境表现时，其竞争对手会尝试比它做得更好。

"越来越多的公司明白了技术与经济上的成功与更好的环境表现之间的联系。"[22]

汽车工业是一个很好的例子。Porter 和 van de Linde 研究了汽车公司在世界范围内对于越来越严格的油耗标准的反应。德国与日本的汽车公司通过制造更轻更高效的汽车来应对。而美国的车厂选择与标准对抗，试图阻挠通过较为严格的标准，这导致美国汽车工业在它们弱小的对手面前损失了数十亿美元的订单，最终濒临破产。[23]

3. 消费者压力

从 20 世纪 80 年代后期开始，消费者对有环保特征的产品更加青睐已经在购买行为中显现。到 80 年代末 90 年代初，美国技术资产办公室的报告显示，消费者已经愿意为产品的"绿色"特点支付额外的费用[24]。到世纪交替的时候，消费者已经具备更为强烈的环境意识，开始将产品环境影响的大小作为产品质量的一部分加以考虑[17]。不论出于何种动机，企业在可持续发展事业中承担越来越多的责任已是不可改变的了。

2.1.3　小结

法规、竞争、消费者三方面的要求使得企业必须认真思考可持续发展对其自身发展的深刻意义。在遵守法规和估计未来的法规走向的过程中，企业为自己建立了越来越严格的标准。环保标准和环保标识成为企业使自己的产品具有差异化的方式之一。在欧美国家，经过过去十年的锻炼，消费者已经具备更多的知识来判别哪些环保特征既有环保意义又花费不多。设计工作处于企业了解并满足消费者需求的核心地位，必然要承担使企业适应需求的任务。

2.2　产品生命周期管理思想

2.2.1　产品生命周期

可持续发展是指在不超过地球资源负载能力的前提下最大限度

地改善每个人的生活质量。在这个宏大的行动中，公民的任务是改变自身的行为，政府的任务是制定和执行新的政策，企业需要改变资源消耗与生产行为。[25]从工商业角度来看，贯彻可持续发展的三条底线是经济、社会和环境（图2－1）。

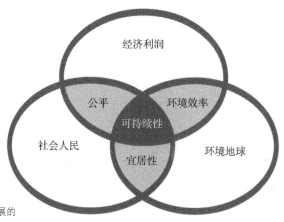

图2－1　可持续发展的
三条底线

根据可持续发展的要求，企业需要从传统的只关注利润扩展转变为同时关注利润、环境和社会。环境保护做得好的企业实践证明，有利于环境的创造性改变和完善可以带来经济利益。良好的管理可以使生产过程变得更为洁净；设计与生产技术的优化可以减少资源消耗与浪费，减少有毒有害物质的排放，同时为企业节省大笔的支出。可持续发展的这三条底线在企业中的实践，形成了产品生命周期管理的思想与方法。

关于产品生命周期，有很多表达方式，权威的产品生命周期分析机构"环境毒物与化学协会"（SETAC）以图2－2表达其含义[26]。

一个产品系统的生命周期始于从自然资源中获得所需的原材料。经过加工制造、分销、使用、回收、废弃、填埋等阶段完成一个周期。过去十几年来，围绕在产品生命周期中减轻产品对环境的破坏、使材料尽可能多次循环使用，学术界与企业界做了大量的工作。通过3R原则（减少用量reduce、再利用reuse、回收recycle），努力将"从摇篮到坟墓"的产品生命线转变为"从摇篮到摇篮"的反复循环方式。理想的状况正是麦克唐纳与布朗嘉特在《从摇篮到摇篮》中设想的，一种产品在使用中产生的废弃物是另一种产品的有用原料。一种材料在某种产品废弃后可以完全回收，不降级地使用到新的产品中去。[27]

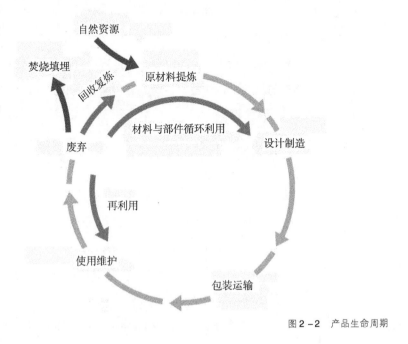

图 2-2 产品生命周期

2.2.2　生命周期管理

生命周期管理（life-cycle management，LCM）是指通过系统的方法，在公司战略层面上整合资源，管理产品对环境影响程度的技术方法。UNEP 在 2007 年的 LCM 指南中给出了以下的定义。

"LCM 是产品生命周期思想在现代商业实践中的运用。其目标是通过管理一个组织的产品与服务的生命周期，使它们向更加可持续的消费和生产方向发展。LCM 是产品可持续性的系统整合，包括公司战略与计划、产品设计与发展、采购决策、沟通程序等方面。"[28]

2.2.3 产品生命周期评估

产品生命周期评估（life-cycle assessment，LCA）是一种测试产品环境影响的技术，Fava 等人这样描述它："一种评估产品、过程或活动对环境带来的负担的客观过程。通过辨识与量化能源和材料的使用、消耗与排放，评估被评估对象对环境的影响，寻找改善的机会。"[29]

LCA 涵盖产品或服务的生命周期，其工作内容包括以下三个方面。

生命周期存量（life-cycle inventory，LCI）描绘围绕产品系统的材料和能源的平衡状态，为产品定义系统边界。

生命周期影响分析（life-cycle impact analysis）检讨 LCI 阶段的成果，从人群和生态学两方面分析寻找产品对环境影响的主要方面，形成该产品的环境表现指标。

生命周期改进分析（life-cycle improvement analysis）从短期和长期两方面系统整合产品需求。这些需求可以是定性表达的，也可以是定量表达的，内容涵盖产品设计、原材料选择、使用过程等。[26]

LCA 存在的主要问题是过程复杂，标准不一致，以致不同的测试机构对相似的产品给出的测试结果相差很大，难以对结果进行比较。

2.2.4 通过实施 LCM，贯彻可持续发展

UNEP 的 LCM 指南将企业开展可持续性工作分解到如图 2-3

所示的几个层面进行。

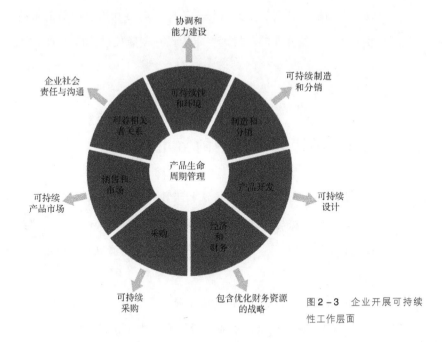

图2-3 企业开展可持续
性工作层面

从图2-3可见，本研究的主要研究目标位于产品发展的相关
范畴。[25]

2.2.5 小结

从以上文献资料分析可以看出，可持续发展的思想在企业中的
实现方式是贯彻LCM。由于设计工作与企业工作的方方面面都有不
可分割的联系，所以可以认为，产品的设计发展是企业贯彻LCM
的核心环节。

从产品设计角度看，LCM为设计与创新带来的影响是深远
的。从设计哲学角度面看，LCM将"为谁设计"这个设计的基本
命题推向了前所未有的广阔领域。在LCM的影响下，产品设计
的边界条件被放大到产品生命周期的全过程。产品设计的创新因
素丰富了，材料的选择、生产工艺的环保优化、劳动者利益、使

用方式的改变、产品与服务的结合、产品功能的组合方式、使用过程中的能源消耗、维护与保养、回收与再利用、产品的最终废弃，等等，各方面的可持续要求为设计创新提供了广阔的舞台。

2.3 可持续设计中的常用概念

近十几年来，很多设计方法和工具被研究出来并在设计工作中应用。这些方法与工具对设计出具有较强的可持续性的产品起到了重要的帮助作用。这里将它们做一番研究，厘清它们的作用与相互关系。

首先确定一下相关术语的中文译文，以免引起理解上的困难。

reduce：减少用量。指通过设计和改进工艺及管理，减少资源的用量。

reuse：再利用。指旧产品中的某些部件可以再利用于新的产品上，其中可能需要经过简单的翻新或维护过程。如旧水泵中的电机经过简单的调试与保养，可以用于新水泵中。

recycle：回收。指产品使用后，经过回收、再制造的过程，成为全新的材料或产品，再次应用。如废纸回收后，经过粉碎，变为制造纸浆的原料，再重新制成纸张。与 reuse 相比，由于 recycle 包含完整的制造过程，所以要消耗更多的资源。

DFR：design for recycling. 为回收设计。

DFD：design for disassembly. 为拆解设计。

DFE：design for environment. 为环境设计。

environmentally conscious design：环境意识设计。

industrial ecology：工业经济。

green design：绿色设计。

ECO – Design/ECD：生态设计。

ECDM：生态设计与制造。

sustainable design：可持续设计。

2.3.1　DFX 家族

DFX 是一系列设计方法的总称，是在设计工作开始关注可持续发展的初期发展出来的具体设计方法。[30]

1. 为回收设计（design for recycling，DFR）

DFR 产生的原因是减少产品废弃后填埋时的废物数量。复杂的产品含有不同的材料，为了有效地进行回收，必须将它们分离。Kuuva 和 Airila[31] 系统说明了 DFR 的必要性。

（1）减少原材料消耗。

（2）应对不断增长的消费导致不断增长的废弃物以及相关问题。

（3）处理废弃产品中的有害物质及其引起的相关问题。

（4）解决现有垃圾填埋场能力不足及新建填埋场带来的环境与社会问题。

（5）减少废弃产品处理与填埋的费用。

（6）消费者不断增长的环境意识使得生态友好的产品在市场上更受欢迎。

（7）国内国际法规要求产品能够被回收或具备可回收性能。

在 3R（reduce，reuse，recycle）概念中，recycle 被排在第三位。这是因为：

（1）最好的办法是减少（reduce）产品或材料的使用量。

（2）如果某些部件或材料能够再利用（reuse），相当于延长了产品的使用寿命。

（3）如果上述两条做不到，至少要做到产品或材料的可回收（recycle）。

DFR 的指导思想如下。

（1）使用回收的材料。

（2）选用具备回收性能的材料。

（3）采用"为拆解而设计"（DFD）。

（4）减少塑料标签的使用。

（5）减少有害物质的用量。如电池中铅与酸的用量。

（6）使有害物质便于触及、移动和妥善处理。

（7）选用可回收的包装。

回收是被社会最广泛接受的环保行动，也是社会大众能够广泛参与的为数不多的环保行动之一。然而，回收不见得都能为环境带来好处，Cooper 在细致地考察了回收之后提出了警告："回收使得原材料的再利用成为可能。似乎发达国家无止境的消费就不会造成环境的破坏了。然而回收过程和其他物理过程一样会影响环境。在产品的收集、分类、清洁、拆解、材料再生过程中都要消耗能源和造成污染。一方面是生产这些能源造成的污染，更多的是材料再生过程直接带来的污染。""很有可能再生的产品会比修理的产品有更高的故障率。"[32]

典型的情况是消费者攒了一堆玻璃瓶，开车送到玻璃回收点。可是开车往返造成的燃料消耗与污染大于那些玻璃瓶回收带来的好处。所以，在设计产品时就要考虑回收，同时也要充分考虑利用维修与保养的可能性。

2. 为拆解而设计（design for disassembly，DFD）

DFD 是 DFR 的前提，集中研究产品细节以达到便于拆解的目的，主要研究产品的紧固方式、部件组合方式等。虽然可以粗略地将 DFD 看成 DFA（为装配而设计）的反向，但也不是完全相同。Brooke 认为：

"DFD 始于原设计中的部件结合，不一定与 DFA 一样。两者都得益于减少紧固件、容易的快速紧固方法，以及自定位部件。"[33]

DFD 与 DFA 的主要不同在于：

（1）好的装配设计不一定是好的拆解设计。

（2）在现实中拆解产品的顺序与经济价值密切相关。

DFD 方法已经包含在一些计算机辅助软件中。[34]

3. 为环境而设计（design for environment，DFE）

DFE 可以看作多种为环境考虑的设计思想的综合，又被称作"环境意识设计"（environmentally conscious design）、"生态设计"（ecodesign）、"绿色设计"（greendesign）、"生命周期设计"（Life – cycle Design）和"清洁设计"（clean design）。

这些名词的含义与出处不尽相同，但多是在短短 20 多年中设计界在环境意识、可持续发展思想影响下开展研究工作的成果，还有些是出于商业宣传的需要而提出的。

2.3.2 工业生态学

工业生态学（industrial ecology，IE）又称产业生态学，是对开放系统的运作规律通过人工过程进行干预和改变，把开放系统变成循环的封闭系统，使废物转为新的资源并加入新一轮的系统运行过程中。而在一般的开放系统中，资源和资金经过一系列的运作最终结果是变成废物垃圾。

工业生态学的概念最早是在 1989 年的《科学美国人》（Scientific American）杂志上由通用汽车研究实验室的罗伯特·弗罗斯彻（Robert Frosch）和尼古拉斯·格罗皮乌斯（Nicholas E. Gallopoulous）提出的。他们的观点是，"为什么我们的工业行为不能像生态系统一样，在自然生态系统中一个物种的废物也许就是另一个物种的资源，而为何一种工业的废物就不能成为另一种的资源？如果工业也能像自然生态系统一样就可以大幅减少原材料需要和环境污染并能节约废物垃圾的处理过程。"[35]

其实弗罗斯彻和格罗皮乌斯的观点只是发展了前人的观点，如巴克敏斯特·富勒（Buckminster Fuller）和他的学生巴德温（J. Baldwin）提出的节约理论，以及其他同时代人提出的相似观点，如落基山学院（Rocky Mountain Institute）的艾莫里·洛温斯（Amory Lovins）。

"工业生态学"这一专有名词最早是由哈利·泽维·伊万（Harry Zvi Evan）在 1973 年波兰华沙召开的一次欧洲经济理事会的小型研讨会上提出的，1974 年，伊万在《国际劳工评论》杂志（*International Labour Review*）第 110 卷第 3 册的 219 – 233 页发表了相关文章。伊万把工业生态学定义为对工业运行的系统化分析，这一分析引入了许多新的参数，如技术、环境、自然资源、生物医学、机构和法律事务以及社会经济学等。

工业生态学不会孤立地把工业化系统（如一个工厂、某一产业、某个国家甚至是全球经济）从生物圈中分离出来，而是把它们当作整个系统的一个特殊案例，只不过这一案例是基于资本环境，而不是自然环境。既然自然系统可以没有浪费，我们也可以使我们的系统像自然系统一样变得可持续发展。

与更为常规的节能或者节约资源的目标相同，工业生态学要求严格按照需求经济的原则重新定义消费和生产之间的关系，这也是自然资本主义的四个目标之一。这种理论不鼓励那种源自对未来无知态度的"不涉及道德的消费"行为，它运用政治经济学的观点去评价自然资源，更依赖于用指导性、教育性的资源去设计和维护每个单一的工业系统。

近 20 年来工业生态学领域的科学理论发展相当迅速，1997 年的《工业生态学期刊》（*Journal of Industrial Ecology*），2001 年的《国际工业生态学学会》（*International Society for Industrial Ecology*）以及 2004 年的《工业生态学发展》（*Progress in Industrial Ecology*）

杂志共同使工业生态学在国际科学界占有重要的一席之地。

工业生态学在丹麦 Kalundborg 工业园得到实践运用，该工业园在一个由 6 家企业（发电厂、炼油厂、制药厂、酶制剂厂、石膏板厂和物资回收厂）和区政府组成的系统中，实现了工业生态学强调的工业共生关系，一个工业企业产生的副产品正是另一个企业的原料。如发电厂的副产品石膏成为另一家生产石膏板的企业的原料。[36]

2.3.3 可持续设计

绿色设计、生态设计、环境意识设计和可持续设计等词经常见到，在使用中一般也不对其含义加以区分。从学术研究的角度出发，将它们的含义和来源加以辨识还是有意义的。

绿色设计指"在一个设计过程中，环境因素被看作设计的目标或设计的机会，而不仅仅是对设计的约束条件。关键是与环境目标合作而不损失产品的性能、寿命和功能"。[24]绿色设计在使用中往往关注单一议题的设计，[37]是在传统产品设计的基础上降低对环境的影响。如电冰箱与空调行业提出其产品是"绿色"的，往往是指其产品中不包含破坏臭氧层的 CFC 类物质，或者家具制造商采用了水基涂料。

生态设计指从设计的早期概念阶段就开始考虑环境因素，且在后续设计阶段继续贯彻的设计。这种工作一般需要公司战略层面的支持。

作为一种设计哲学，可持续设计强调在设计产品与服务时遵循经济的、社会的、生态的可持续原则。可持续设计意图"通过设计技巧和感性的设计，完全消除对环境的负面影响"，[1]具体表现为设计的产品不使用不可再生的资源，环境冲突最小化，将人与环境相联系。

可持续设计的影响范围小至日常生活用品，大到建筑、城市和区域规划。内容涵盖了建筑设计、规划设计、工业设计、平面设计、室内设计以及时装设计。

可持续设计是可持续发展思想在设计哲学中的反映，是应对人口增长、环境危机、生态破坏和生物多样性缺失的手段。

2.4 产品—服务系统的基本要素

2.4.1 产品—服务系统的概念

世界商业可持续发展委员会提出了四个提高产品生态效率的重要因素：非物质化、闭环生产、服务延伸、功能延伸[38]。提高生态效率主要以减少消费和伴随的废弃物为目的。2000 年，Moezzi 指出了这一观点有三个瑕疵。第一，部件的生态效率高不等于整个系统的生态效率高。子系统级的效率优化有可能导致低效率的系统。第二，效率是相对的，判断一个系统效率高低的关键是与谁比较，如何比较。第三，生态效率和总效率与过程相关，而与结果的数量无关。[39] 在实践中，设计和生产水平上的生态效率改进可以带来明显的产品生态效率的提高。但是，消费水平的提高会明显抵消这些成果。从 1967 年到 1997 年，美国汽车的能源效率（平均行驶英里/加仑）提高了 52%[40]。但从 1977 年到 1990 年，仅载一人的车辆数增加了 16%。同时，汽车的舒适性配置越来越高，这些设备也在消耗能源。综合来看，汽车的能源效率是降低的[41]。从这里可以看出，要想真正提高生态效率，仅仅在现有的生产—消费模式中打转是不行的。需要在生活方式、商业模式等方面进行创新。

"必须对商业结构与回报体系进行基础性的重新思考。目光狭窄地关注生态效率可能造成灾难性的环境后果，可能是生产出大量错误的产品；应用了错误的生产工艺；选择了错误的商业模式。"[42]

从生活方式的角度进行创新，产生了"可持续消费"的概念。1992 年的里约热内卢地球峰会和 2002 年的约翰内斯堡可持续发展世界峰会，都把可持续消费作为可持续发展的重要战略之一。可持续消费强调减少货物消费与服务消费，以减少材料消耗，减少环境冲突。可是这样一来，如何处理发展的问题呢？

在可持续发展的实践中，减少环境冲突与促进社会经济发展之间确实存在着两难抉择。以减轻环境负担为目的，从有形的产品消费模式转换成无形的服务消费模式的研究不断出现。这些研究表明，虽然从感觉上判断，无形的服务要比有形的产品对环境更加友好，但是实际上并非如此，因为服务同样需要耗费资源与能源。统计数据与研究表明，服务与减少环境污染和资源消耗没有必然的联系。[43]实际上，必须从可持续的目标出发，对服务进行系统水平上的设计，才能使服务系统对环境的影响降低。这包括从生产和消费两方面优化服务系统的可持续性[44]。

联合国环境规划署认为，仅利用技术手段的进步来降低资源消耗，或者更进一步，从改进工业产品的设计入手，以求得可持续发展固然意义重大，但是，为了使社会发展具有可持续性，有必要采用更为激进的手段。目前，学术界普遍认为，为建成可持续型社会，我们必须将每单位的经济产出所消耗的资源总量降低到目前发达国家平均水平的 10%。为达到此目的，必须将改变的范围扩大到系统级的水平。在消费层面，必须将对产品与服务的需求引向更加非物质化的消费模式。关注点不仅包括改进产品与服务，还应该包括如何以新的眼光看待和定义顾客的需求，如何满足其需求，以及企业及其利益相关者如何定义他们的角色和他们与顾客的关系。总的说来，可持续消费的提出意味着摆脱现存的直接导致对资源与能源的需求不断增加的生活方式和经济模式的开始。"产品—服务系统"正是大有希望的推动建立可持续型社会的商业战略。[4]

PSS 是应对环境保护与发展之间的两难抉择的方法之一。PSS是从"功能经济"（functional economy）的概念发展而来的。"功能经济是以使用功能为导向，优化管理现有财富（货物、知识、资源）的经济模式。功能经济力求在消耗尽可能少的资源与能源的情况下，建立尽可能高的使用价值和尽可能长的使用时间。由此，功能经济可以比现有的以产品和材料流为关注焦点的经济模式达到更好的可持续性和低物质化。"[45]。这种理论的基础出自这样的概念，产品的消费价值来自其为顾客带来的用途和相应的好处。从经济学角度看，要将关注点从"交换价值"转换到"功能价值"。[46]产品提供者从卖产品给顾客转变为提供功能给顾客。从以产品为单位收款转变成以提供的功能价值收款。更进一步，为了负起不断为顾客提供功能的责任，提供者在保持对产品的所有权的同时，还对产品的维护、修理、回收、翻新、废弃处理负有责任。Stahel 提出了功能经济中提高资源效率的四种战略手段。第一，提高产品的使用强度，摊薄产品成本（提高供方的效率）。第二，延长产品使用期限，降低资源流的速度（提高供需双方的效率）。第三，充分满足顾客的需求（需方）。第四，通过系统解决方案，同时降低资源流的数量和速度。[46]这样看来，似乎 PSS 就是产品加服务，以服务为单位向顾客收费。但是，因为现有的以产品为中心的商业模式中也存在各种各样的服务，如何定义 PSS 就成为一个复杂的问题。

联合国环境规划署认为：产品—服务系统可以被定义为一种创新策略的结果，这种策略将商业关注点从仅仅设计和销售物理产品提升到设计与销售满足特定顾客需求的产品与服务一体化的系统。[4]

在综合比较当前存在的各种以服务加产品构成的系统为顾客服务的方式以后，Mont 提出从有利于可持续发展实践的角度对 PSS 进行定义:"一个产品—服务系统是由产品、服务、参与者网络和基础支持设施构成的。该系统的目的是不断努力以求能够具有竞争力,满足顾客的要求,具有比传统商业模式更低的环境影响。"[47]具体如图2-4所示。

产品与服务是为顾客提供功能的主要载体。基础设施是指社会能够提供的公共或私人设施,如道路、通信、能源供应、废物收集体系等。基础设施影响消费模式,现有的基础设施有将消费方式"锁定"在目前状态的趋势,甚至影响对环境友好的新方式的传播与实施。参与者网络是指在PSS方式下,很多传统产品链以外的人会参与进来。[47]PSS面临的挑战之一就是寻找和判断谁是最适合将功能提供给顾客的人。生产者往往因为距离远或对顾客了解不够而不是最佳的人选。

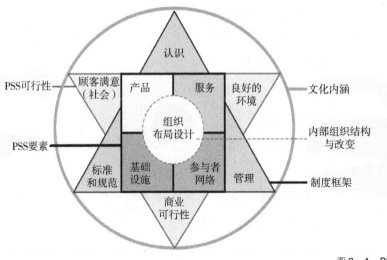

图2-4 PSS的构成[47]

2.4.2 PSS的应用领域

长期以来,很多行业都有"产品加服务"模式存在,如大型设备租赁、交通工具租赁、施乐公司的快速印刷设备租售等。这些应用是 PSS 发展的先驱，但从可持续发展的角度来看，这些产品加服务的商业模式并没有太多地考虑可持续发展的因素。大量的研究表明，很多出租设备的制造商和设备租赁公司以及提供服务的公司并没有将降低环境负担作为改进产品和服务体系的目标，他们的关注点并不在于环境改善。[47]

所以，从可持续发展的角度，有必要对 PSS 的应用领域进行研究，以促进 PSS 在可持续发展的潮流中发挥更大的作用。欧盟委员会在 1998—2002 年推出了"竞争力与可持续增长计划"，该计划组织研究机构和企业对可持续发展与竞争力提升方面的发展前景进行了深入的研究，其中有关 PSS 的研究由 SusProNet 承担。2004 年 12 月，SusProNet 提出了名为"老欧洲的新商业——作为增强竞争力和提高生态效率手段的产品—服务系统"的最终研究报告。这份报告将 PSS 的应用分成 5 个领域进行了详尽的分析，并提出了一些产品设想。[48]以下是该报告提出的 PSS 在 5 个领域中的应用前景。

1. 基础材料与化工领域

这个领域的研究重点是建筑材料和化工产品，主要的 PSS 发展模式将是 B2B（商业对商业）。

研究指出，具有发展潜力的商业机会可能存在于以下几个方面。

化学品管理服务：由化学品供应商（或第三方专业公司）在顾客处直接或间接地管理化学品的使用。

绝热材料与绝缘涂层：在建设新型建筑时提供如何设计使用新型绝热材料与绝缘涂层的服务，使材料使用最有效。

能源效率服务：建材生产商承担建筑物能源平衡的责任，并从事能源节约的升级服务。收益从节约的能源费用中分成。

设施管理 PSS：向宾馆提供能源与水的管理服务。收益来自优化能源供应的种类、能源节约、水的优化利用，以及节约维护保养开支。

旧建筑物的拆解回收：对拆除的旧建筑物进行材料的分类回收利用。

2. 信息通信领域

关于 PSS 在信息通信业中的发展前景，SusProNet 提出了 8 种商业驱动力和 8 种可持续发展驱动力。

8 种商业驱动力分别是：家庭网络化、电子购物、电子印刷、数据处理中心化、网上银行、网上娱乐、远程学习、综合通信。

8 种可持续发展推动力分别是：减少碳排放、减少材料使用、提升材料回收率、减少有毒材料使用、减少空气污染、减少水污染、扫除文盲、消除数字鸿沟。

在这 16 种驱动力的刺激下，经过评估，SusProNet 提出了 3 种可行的 PSS 项目。

电子鼻：一种电子装置，可以嗅出电子产品中散发出的有毒有害物质，特别是法律法规禁止使用的物质。

全球大学：面向发展中国家的远距学习方式。

定制化的供应链管理：自动订货信息系统。

3. 办公领域

办公领域的 PSS 主要是产品导向的和使用导向的。结合可持续发展理念和办公环境的要求，SusProNet 提出以下几点实践建议。

生态 PDA：可以满足生态需求的个人信息处理助手。

预先管理系统：为一组公司提供商业和服务业管理的综合设施。

自我评估中心：个人发展与科研导航系统。

办公领域 PSS 运用的主要结论：第一，顾客体验应当成为关注焦点，顾客可以成为创新过程中的一员。第二，在创新概念的产生阶段就应该与 PSS 供应链中的各方建立起合作伙伴关系。

4. 食品领域

SusProNet 研究发现现有的食品 PSS 基本上没有考虑可持续发展

问题。他们在欧洲的研究发现两个问题。第一，食品工业的可持续发展主要应着眼于农业阶段。第二，公认的健康食品反而不像一些公认的非健康食品如快餐和零食那样能获得大众的认可和商业上的成功。SusProNet 把这些问题的解决寄希望于政府的干预和社会道德的进步。

5. 家居领域

家居方面的 PSS 需求研究集中在生活资源供应（水、电、热）、娱乐、通信、服装与家居陈设等领域。家居方面本来就存在很多服务，如有线电视、电话等本来就属于进入家庭的服务，并不存在替代了什么产品的问题。PSS 强调的是用服务替换一些产品，而人们又十分重视对家居用品的"拥有"，所以试图用服务来替代产品是困难的。目前较能被接受的 PSS 主要是交通方面（汽车分享）和依托信息通信技术服务方面（视频点播、声讯服务）。SusProNet 提出的可能项目涉及以下方面：艺术品、植物、家具租赁；家用电器一体化；花园保养；房屋清洁；远距家居控制；个人消费电气用品；家居管理；社会化服务；智能产品，等等。他们提出了几种 PSS。

（1）花园工具库：在社区中分享花园工具、经验、肥料供应、废物利用。

（2）家居顾问：带有智能反馈与控制功能的电表、热力表、水表和安防系统。

（3）健康表计与顾问系统：反馈顾客的血压、心跳、血氧、哮喘、大气质量检测、紫外线检测仪表与专家意见指导。

（4）信息化娱乐系统。

PSS 的运用和项目寻找是一个项目成败的关键。在项目寻找、创意产生、评估确定的过程中要考虑可持续发展的因素、行业因素、生活趋势、企业现状等各种因素的综合作用，这也是 PSS 设计要研究的重点之一。

可持续导向的产品－服务系统设计
Design Research on Sustainable Oriented Product－Service System
第 2 章　可持续设计理论

2.4.3　发展 PSS 的动力、障碍与机会

1. 动力

社会驱动。社会大众对可持续发展的知识越来越了解，进一步促使政府制定越来越严格的法规。这些形成了一种强迫性的动力使得企业不断增强对环境与质量的关注。[47]对于企业提供的服务和将企业对产品的责任延伸到回收和废弃阶段的社会呼声与压力也越来越大。例如社会大众要求化工企业对其产品的使用和回收管理负起责任，化工企业就普遍开展了化工产品管理服务，有时还将这种服务外包给专业公司。[49]企业的利益攸关者也不断提高对可持续发展的需求，并将这种需求转化为对企业的压力。[50]

市场驱动。市场驱动强度随着产业的不同而变化。在成熟的工业领域，发展水平相近和技术标准化造成产品的同质化比较明显。产品同质化又造成新一轮的价格竞争和利润下降。所以，企业急切地希望在提高产品质量、提高操作效率、改进生产环节之外，能够找到为顾客带来附加价值的途径。在交付这些附加价值的时候，如果能建立和促进与顾客的直接交流则更好。[51]还有些公司在耐用品市场上关注着接手经营二手产品的商业机会。这些都可以看作竞争带来的动力，迫使企业寻找改进的机会。

在企业层面，资源管理、风险控制和改善环境被看作首要的内部驱动力。这三种内部驱动力最终都归结于减少成本、减少资源消耗、按功能管理的方式进行采购、减少负债。企业的这些需求转化为对本企业非核心业务的外包及功能化采购的商业机会。[52]研究表明，通过提供服务来延长产品的使用寿命、降低顾客成本的战略是广受欢迎的。[53]在初期，改善环境因素是企业对外部压力的主要反应。但很多企业现在已经把改善环境因素看作企业的内部因素了，因为实践表明，为改善环境因素所做的努力往往直接起到降低成本

的效果。因为企业非常希望得到专业的有毒有害废料处理服务以控制风险，所以风险控制也是 PSS 商业机会的一个重要驱动因素。很多企业认为 PSS 和功能化采购使得采购成本清晰，有利于长期计划。[47]

在个人消费者层面，PSS 的探索主要集中在从服务导向的角度解决产品功能和使用方式的问题。Mont 认为，唯一的外部因素是以合适的服务合同有效地促使顾客尝试服务导向的解决方案。其他的驱动力更多地继承了产品的自然属性。例如人们对于昂贵而不经常使用的产品倾向于购买服务，对于维护费用高昂的产品以及占用大量储物空间的产品也是如此。[54]

2. 障碍

发展 PSS 的重要障碍之一是发达国家的劳动力成本高。在发达国家，相对于过高的劳动力价格，原材料与能源的价格是很低的，这种情况催生了所谓的"自我服务经济"。

1）企业方面

企业经常提到的 PSS 发展障碍是缺乏长久的市场需求。有的企业抱怨顾客对概念不够理解，对供应方提供的是服务和信息这个概念难以接受。面对消费市场的公司同样面临这种发展障碍。大宗低价消费品市场被"用过即弃"的概念统治着。翻新产品和分享产品明显因为顾客讨厌"二等货色"的心理而难以进入市场。[47]

其他的障碍还包括项目缺乏强有力的内在价值链联系，将价值传导到顾客的过程难以把握。很多公司发现学习过程耗时而艰难。很多 PSS 项目需要引入新的参与者，而新的参与者也同样需要接受教育以适应 PSS 以及学会吸引顾客。他们与生产商签约加入 PSS 项目时，同样要分担项目的风险，这也为将来各参与者之间的利益纠纷埋下了种子。[53]

各个合作者之间如何共享商业机密是另一种障碍。向潜在的顾客展示 PSS 的可靠性与稳定性又是非常重要的，而对各自商业机密的保护容易引发顾客对 PSS 各成员合作稳定性的怀疑。[47]

还有一种障碍是，当产品的所有权从顾客所有变为供应方所有时，顾客就不会努力照料和爱惜产品。调查表明，有时可以通过与顾客签订详细的契约，规定在某些特定条件下可以收回产品来部分解决这种问题。

至于内部障碍，经常被企业提及的有成本、概念设计、组织问题等。系统创新对于任何公司都是巨大的变革，销售产品积累的经验与管理产品及提供服务的要求有巨大的差别。[47]

任何公司转向发展 PSS，都要面对不同的市场，不同的顾客、不同的设计过程、不同的交货方式与交货时间、不同的风险（包括不同的现金流）。据 Mont 调查，在一些瑞典公司，PSS 服务往往造成公司内部传统产品销售方式与 PSS 方式之间的内部竞争。[47]有时公司内部的旧运行模式也会成为新商业模式的障碍。

伴随 PSS 的概念产生的障碍主要有三种。主要障碍之一是传统的商业思维方式。这种以销售量和销售额作为利润来源的思维习惯不适应 PSS 开展业务的需要。主要障碍之二是 PSS 的环境先进性取决于系统及产品的设计。有些 PSS 合约在设计时就考虑了环境因素，但是顾客往往为了减少初期投资，会选择其他增加环境负担的产品或项目。特别是对于环境责任感不强、奉行机会主义的中小企业，如果环境友好的产品或服务比一般产品贵，这些企业是不会选择的。主要障碍之三是如何为无形的服务，特别是需要经验与知识的服务定价。[55]

2）顾客方面

顾客从购买产品转为购买 PSS，经常遇到的障碍是对于 PSS 合约的潜在风险、成本控制及责任归属的不确定性。很多顾客对于"产品生命周期"理论不了解，缺乏对"生命周期成本"的认识，则很难向他们解释 PSS 的优越性。[56]顾客对 PSS 提供方能力的不信任，以及自己保有自己资产的心理是另一种障碍。但是在 B2B 的情况下，借助专业管理而降低成本的可能性往往能有力地改变顾客的看法。

PSS 供应商为了提高系统的运行效率、降低成本，往往需要对系统的运行情况进行监控，需要采集必需的信息数据，有时需要接近顾客的设施，了解顾客相关系统的运行情况。有时这些信息是非常敏感的。这又引发了与顾客之间的保密与信任问题。

有的例子还显示，在 B2B 的情况下，顾客会担心因为采用了 PSS，会造成自身某种能力的下降，尽管并不是企业的核心能力。有时，顾客又会因为自己拥有非常强大的管理化工产品以及减轻环境危害的能力而拒绝接受 PSS。这种情况在化工产品管理服务中表现得十分明显。[55]

无论在商业市场上还是在消费市场上，对 PSS 发展影响最大的因素是"习惯"。习惯不仅受法令法规的影响，还受伦理、道德、行为模式、生活方式的影响，与社会文化紧密相连。例如"用后即弃"的方式不仅对消费者有影响，对生产者的影响也很显著，而集体生活和分享的概念也许就和某种特定的社会形态联系密切。

3. 机会

尽管面临上述种种障碍，还是有很多公司报告说 PSS 提高了他们的竞争力，为他们带来了新的盈利模式，给他们带来了分享利润的机会。很多公司认为 PSS 建立的与顾客的长期关系非常有吸引力。签一份合约，可以使顾客与公司保持一段时间的接触。经过一段时间的沟通，可以与顾客开诚布公地讨论，得到持久的顾客忠诚与提高产品价值的机会，实在是太好了。[54]

对于一些企业来说，更大的好处在于通过 PSS，他们能够进入顾客的运行环节，并获得扩大服务范围的机会，将更多的产品或服务提供给顾客。[55] 提供多样化的 PSS 服务范围，容易被顾客接受。避免一次大量投资，改为按次或按时付费，往往是赢得顾客的有效手段。

对于负责任的企业来说，PSS可以帮助他们符合法规的要求，例如可以用合理的成本改进企业的环境指标。很多中小企业报告他们借助外部PSS对化工原料进行管控，大大节省了环境达标的成本，因为提供PSS的公司具备专业的管理经验。[54]

PSS具有很多环境优点，主要优点是为产品或部件的再利用提供了经济上的激励因素，从而降低了环境负担。由产品提供者负责其运行管理和维修保养工作，可以确保设备运行在理想状态，延长产品寿命，对产品的回收和翻新再利用提供方便，这些都符合可持续发展的要求。产品的所有权属于PSS提供者，也为新技术、新工艺的运用提供了一些便利。生产者不必像销售产品时那样被价格和商业卖点所约束，而可以关心真正能够降低运行成本、使设备低能耗、对环境更有利的技术和材料。[57]

在顾客方面，PSS同样可以带来许多好处。首先，PSS的顾客可以避免在设备上一次投入大笔的资金。同时，顾客得到的PSS服务往往是非常灵活的，预留了很多调整和扩展的余地。这样，顾客就可以在需求变化时始终得到适合的服务。在B2B市场和B2C市场都是如此。[58]

在B2B市场上，PSS的顾客一般都是把非核心业务交给PSS提供商处理，长期的成功合作可以使顾客更加专注于他们的核心业务。

2.4.4　小结

产品—服务系统的概念并不难理解，它的好处也是显而易见的。但是为什么发展得并不快？为什么在实践中障碍重重？这里对制约PSS发展的原因再做一些探究。

延续了几千年的私有制在消费行为方面的表现是"占有欲"，这种占有欲甚至可以归咎到人类的DNA层面。对于一种必需的产品或服务,"拥有"产品,显然比"分享"有吸引力。从内心里就倾向于"拥有",自然就能找出多种多样的理由说服自己和别人去实现"拥有"。例如这是我的,所以我可以了解它的全部历史,我可以更好地使用它,我舍不得放弃它,等等。

基础设施是另一个重要的障碍。所有的基础设施都是在传统的资产所有模式下发展起来,为资产私有服务的,所以对于 PSS 来说不适应是正常的。移动通信、互联网、云计算等新技术的出现可能是克服这种障碍的有力工具。

实现任何商业模式的基础都是利润,PSS 商业模式能够实现的基础也不例外。服务是 PSS 的重要组成部分,而服务是靠人完成的。在欧美发达国家,劳动力成本极高,抬高了 PSS 模式的成本,这很可能是 PSS 在这些国家发展缓慢的重要原因。

从设计的角度来看,PSS 在实践中遇到的障碍有很多可以通过系统和产品的设计加以克服。而从欧美发展 PSS 的经验可以看出,因为劳动力成本过高,几十年来"自己动手"的观念已经深入社会文化,造成 PSS 遭遇成本瓶颈而无法实现。缺乏大量的设计实践,自然就难以积累设计经验和发展出有效的设计方法。通过文献研究发现,有关 PSS 设计和相关产品设计的设计理论、设计方法与实践十分缺乏。

对于中国这样一个发展中的大国,发展 PSS 具有几方面的优势条件。首先,在国家经济发展模式上,我们这样的人口大国,资源稀缺,不可能重走西方发达国家的发展模式已经成为共识。我们必须走出适合国情的发展道路。PSS 节约物质资源,提高了服务在价值实现过程中的比重,对于我国发展经济中的减低资源消耗、提高就业的需求是非常符合的。其次,中国在 40 年来的飞速发展中,"知识就是力量"的观念已经深入人心,在农业、工业、家居生活甚至宠物喂养的广阔领域中,大众对专业知识的需求非常旺盛,而具有专门知识的专家既稀少又"便宜",这恰好是发展 PSS 商业模式的极好机会。在中国，通过设计方面的工作，可以在消费心理方面淡化"拥有"的概念，强调"专家服务"的正面形象；改进或回避基础设施不适合 PSS 的部分；在 PSS 设计中充分利用劳动力资源成本低的优势，降低物质和资源消耗，提高服务质量。

2.5　产品设计理论与方法学

2.5.1　产品设计哲学

设计是与创造力、创新思维、发明精神和技术革新相关的活动。设计过程经常被视为一种创造的表现，但是这种创造不是凭空而来的，不是完全自由地选择颜色、材料和形状。每件设计作品都是在多种条件和决策影响下创造性思维的结果。社会经济、技术与文化的发展，尤其是历史背景与生产技术条件一起影响着设计的结果。[59]

设计理论和方法学就像是申明某种客观性，因为它们的效应将最终指导方法与规则以及批判的优化，以助于设计的研究、评估甚至提升。研究设计理论，也必须研究基于方法上的处理方式和创造性的观念，这最后都导致对哲学的研究。[59]

设计团队是为企业服务的。设计的直接任务是满足企业在当前设计任务中的各种需要，使其获得现实的利润。同时，设计活动的结果又必须符合企业的战略需要。一般说来企业的战略发展方向包括企业商业模式的发展方向、品牌建设的需要、企业社会形象的塑造等。从传统的意义上看，设计要满足企业的需求，就必须同时满足消费者的需求，也就是设计作品要在功能、美学、产品语义、符号与象征等各方面满足消费者的要求。[60]

2.5.2　产品设计程序

从实践的角度观察发现，任何设计理论与方法学，最终都是通过设计程序体现在设计中的。关于设计过程的描述是多种多样的：March 认为，理性的设计程序是基于解决问题而不是基于提出问题的。[61] Lloyd 等人将设计过程比作观察慢速回放的爆炸过程。"一开始，你只看见大团的烟雾与灰尘浮在半空，夹杂着少量的碎片，渐渐地，一切越来越快地收缩和清晰，最终回复原状，设计结束了。"这个比喻形象地描述出设计的高度反复、不确定性和解构式的思维过程。[62] 当然，很多设计程序的研究者试图将这种混乱和纷繁复杂的设计过程加以梳理，使其成为一个个具备逻辑与顺序的单元，同时符合"一个阶段要有一个特定的目标"的原则，成为可管理可重复的阶段性过程。Cross 给出了一个简单的四阶段模型，将设计过程分为以下四阶段。[63]

探索：确定新产品需求、评价、提出新产品的规格。

产生：创造出多个新产品的概念。

评估：对照新产品的规格，评价各个概念的符合性，最后将范围缩窄到选择出一个概念。

沟通：将选择的概念发展成最终的设计方案。

将设计过程划分得很复杂的例子是 Pugh 的"全设计活动模型"。该模型的核心是将设计需要的所有因素都考虑进来。设计活动由市场—产品设计规格—概念设计—细节设计—制造—销售组成。Pugh 提出："所有设计活动的起点应该是一种需求，只要满足了这种需求，这个产品将适合一个现存的市场或其独有的市场。为了这个需求，需要定义产品的设计规格（PDS）。一旦建立了设计规格，它就像一件斗篷覆盖了所有的设计后续阶段。"[64]

2.5.3　小结

　　研究 PSS 及其产品的设计，同样以揭示 PSS 设计中的某些客观性为目的。这些客观性影响此类产品设计的目的、方法和评价。在设计目的方面，应从可持续发展的目的和 PSS 的特点出发，对这类产品需求边界的界定方法进行研究；从分析 PSS 特点出发，对这类产品与服务的关系如何确定，如何划分功能进行研究；在设计方法方面，应从社会发展和可持续性的要求出发，寻找此类产品的设计规律；研究设计团队的构成和设计程序的特点，研究所需的各种设计工具及其在 PSS 产品设计中的适用性；在评价方面，应研究或尝试建立对设计成果进行评价的方法与工具。

03

第3章
先导性研究

可持续导向的产品—服务系统设计

先导性研究的目的是弄清 PSS 设计的全过程，寻找并确定研究命题。本阶段考察样本企业的战略状况、PSS 设计的流程、设计定位中的特点、设计团队及他们的工作方法和工作状态。更为重要的是寻找 PSS 设计工作与传统产品设计工作相比具有特殊性的重要环节，提出研究命题，供后续的深入研究分析和验证，为今后的 PSS 设计提供借鉴与参考。

3.1 产品—服务系统实例

研究样本企业应该具有以下特征。

（1）是一个已经建立或准备建立 PSS 商业模式的企业。

（2）具有 PSS 设计团队。

（3）愿意配合研究工作，可以得到需要的研究资料。

先导性研究的样本企业项目情况见表 3 - 1。

表 3 - 1　先导性研究的样本企业项目情况

编号	项目内容	项目实施情况	研究方式
1	网络英语学习 PSS	已实施	参与设计
2	用电设施谐波治理设备 PSS	设计中	参与设计
3	工业交换机可持续设计	设计中	参与设计
4	智能电网试验研究设备 PSS	设计中	调研访谈

涉及的企业（项目）共 4 个。其中参与设计和研究的项目 3 个，进行调研的项目 1 个。访谈的人员涉及高层管理者、中层管理者、设计师、工程师、财务管理者等共 27 人。

先导性研究访谈调研人员见表 3 - 2。

表 3 - 2　先导性研究访谈调研人员

编号	项目内容	访谈高层	访谈中层	访谈设计师、工程师等
A	网络英语学习 PSS	1	2	4
B	用电设施谐波治理设备 PSS	2	3	3
C	工业交换机可持续设计	2	2	4
D	智能电网试验研究设备 PSS	1	1	2
	合计访谈人数	6	8	13

PSS 为顾客提供的是以产品为载体、以服务为实施方式的某种功能组合。为了考察 PSS 项目中的设计要素，先看一看作者研究过的两个实际 PSS 项目的概况。

3.1.1　建筑物集中空调系统 PSS

我们研究的是一家美国著名的空调系统提供商在中国实施的 PSS 项目。大型建筑物的空调系统是建筑物使用过程中能源消耗的主要环节之一。空调机组的先进性、通风管路和建筑绝热设计的合理性、运行控制技术的先进性以及运行经验、设备保养维护状态等因素对空调能耗都有极大的影响。建筑物的业主和物业管理公司囿于经济和人员管理方面的诸多因素，不能将空调系统的能耗降至合理的水平，主要表现是：没有充足的预算或信心采购最先进合理的空调机组；不能雇用经验丰富的空调运行人员优化系统运行状况；空调系统维护保养不及时，大多数时间没有运行在最佳状态。

在建筑物空调制冷 PSS 结构（图 3 - 1）中，空调机组及配套的管路设施、绝热设施等是产品，是服务的载体与工具，而空调设施的运行管理、保养维修等服务工作是实现空调功能的必要环节和实施方式。空调机组和配套管路等设施采用长期以租代购的方式提供给用户使用，租期一般为10年或15年。这样，顾客就可以以较小的基建费用得到最先进并最符合需要的空调机组和配套设施。按照制冷量或供暖量和社会平均能耗指标可以计算出该PSS的能耗节约数量。节约的能源支出由业主与PSS提供方分账，一部分节约的资金用于支付设备租购的费用。而PSS提供方则可以充分发挥自己的经验与技术，研发最先进的空调机组和运行控制系统，对设备运行和保养进行精心的调控以收到最佳的降低能耗的效果，取得最大的经济收益。

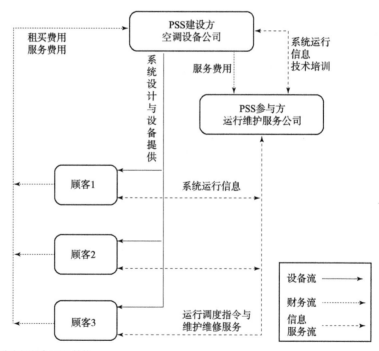

图 3-1 建筑物空调制冷 PSS 结构

在这个 PSS 中，除了传统的空调机组制造商和建筑业主之外，还有其他方的参与。由于专业的空调设备公司的长项在于机组的制造技术、系统设计和运行服务技术，而管理一支人员众多、遍布全国大中型城市、日常工作繁杂的运行服务团队并不是其长项，所以在此项目中引入了专业的空调运行维护服务公司。这个公司专门负责为当地的 PSS 用户提供日常的运行和保养维修服务，这就是所谓的参与者网络。为了提高服务质量，加强对参与方的管理，该系统运用计算机和网络通信技术构建了将空调设备、顾客、空调运行维护服务公司、空调设备公司联结在一起的管理平台。顾客的要求、机组运行情况和主要技术参数、参与方的服务情况、制造方的技术支持信息、能耗指标和经济收益信息全部在管理平台上流动，保证顾客和参与方、制造方的利益。该系统已运行了 3 年多，收到了良好的经济效益和节约资源的效果。

3.1.2 网络英语学习 PSS

该系统是某国际投资集团在中国研发并投入市场运行的网络英语学习 PSS（图 3 - 2）。作者参与了系统的设计决策、具体设计和商业模式策划工作。

该 PSS 的核心是一套基于网络的英语学习教材，学习者按学习单元购买教材和与之配套的面授学时（图 3 - 3）。教材是多媒体互动型的，除了一般教材的功能以外，还可以把学生朗读、背诵课文与词汇的时间、学习强度等学习情况记录下来并上传到服务器中，供老师、家长和校方查阅。学生与老师在服务平台上约定上课的时间和地点，上课的情况也被课件记录下来并上传给管理平台，为教学管理、教师考核和解决学生投诉提供依据。该 PSS 的结构是教材提供方—学校—学生—家长。投资方是系统的主导方，对教材编撰和网络管理平台建设投资，对学校进行管理，享受出售教材、教材保值增值的收益。学校是以加盟的方式进入系统的，经管理方审核和培训后，拥有合格的教师，即可招募学生。教材与面授课时组合成单元由学校销售。学校的规模可大可小，在系统运行初期，甚至一个合格的教师也可以开办学校,即学校、教师参与者和教材提供方一起构成了参与者网络。该系统是基于互联网平台进行教学和管理的,所以互联网是基础设施。

图 3 – 2　网 络 英 语 学 习
PSS 界面

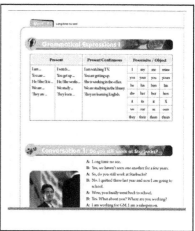

图 3 – 3　网络英语学习教
材界面

该系统的环境可持续性表现在舍弃纸张、不需要教室、节省学生往来学校的交通资源消耗等方面。其在人与社会方面的可持续性表现在改变了以考试为考核和导向的教学模式，因为家长和学校可以对学生及老师的学习及教学过程进行评估，不必依赖考试成绩，所以从教材和教法上摈弃了传统的以应付多重选择题为目标的教学环节。多重选择题作为考试手段是高效率的，但作为学习手段，每个语言点都让学生接触四分之三的错误答案，显然是不利于掌握正确的英语的。而该教材从学习语言的规律出发，引导学生不断地听说读写正确的英语，可极大地提高学生的学习效率和学习兴趣。该系统在经济上的可持续性表现在教材的自我进化功能等方面。后面的章节还要对该系统的可持续性做进一步的分析。

该系统的体系结构如图 3 – 4 所示。

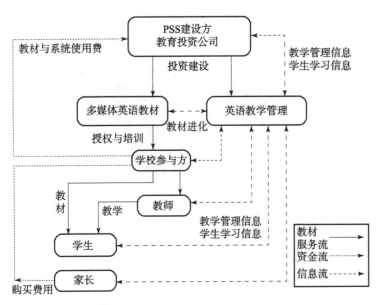

图 3 – 4 英语教学 PSS 结构

3.2 先导性研究的核心内容

3.2.1 核心内容

先导性研究调研、问卷和访谈的核心内容如下。

（1）建设 PSS 的企业对于 PSS 设计目的的认识。

（2）搞清楚 PSS 项目从构思到实施的完整过程。

（3）PSS 设计决策过程中的关键点是什么？

（4）PSS 设计定位的特点。

（5）PSS 设计中设计团队的特点。

了解清楚以上 5 个方面，是本研究工作确定研究目标的基础。再与作者本人的亲身实践中的体会以及文献研究相结合，可以提出有关 PSS 设计工作中比较重要、比较有特殊性的研究命题，在后续研究中加以分析与论证。

3.2.2 研究方法

在先导性研究阶段，主要的研究方法是对研究样本企业的管理层、设计团队成员进行访谈与问卷调查。由于作者亲身参与了设计工作，与样本企业非常熟悉，对项目的设计过程比较了解。所以在访谈中有比较充裕的时间与更多的机会和访谈对象进行交流。作者与有的企业甚至进行了多次交流。

访谈中涉及的问题包括已经发生的情况和现在的状态，以及期望达到的状态。这样可以将样本案例的一些经验和教训包括在内。

对研究样本高层管理者的调研工作涉及企业发展战略、PSS 的建设原因、构思过程、决策过程，以及团队构成、团队管理等方面的内容。

对设计团队成员的调研涉及设计定位过程、团队管理与沟通、设计方法与工具等方面的内容。在作者参与设计的案例中，作者还可以接触到有关的管理文件、会议记录以及设计图纸，通过这些与访谈结果进行印证，使调研结果更加可靠。

3.3　与 PSS 近距离接触

3.3.1　样本企业对建立 PSS 以及可持续设计目的的认识

对所有样本均调研了有关建设 PSS 的目的的认识，涉及人员主要是企业高层管理者和设计团队管理者（一般是研发经理或研发主管）。将建立 PSS 和实施可持续设计常见目的列表，由被访者选择其认为主要的目的，按 0 ~ 5 分表现该选项的重要性，被访者也可以提出他认为重要的其他理由。

调研结果见表 3 - 3。

表 3 - 3　对建设 PSS 目的的认识

样本企业	A	B	C	D	积分
改变企业发展方向的尝试	★★★★	★★★★★		★★★	12
为了适应市场的需求			★		1
寻找可能的市场机会		★★★★		★★★★	8
主动引导市场发展的方向	★★★★★		★★★★★		10
为适应法令法规要求		★★	★★		4
建立企业与顾客更紧密的联系	★★★	★★★		★★★★★	11

从积分可见，企业实施 PSS 的主要目的的前三项为：

（1）作为改变企业发展方向的尝试。

（2）作为建立企业与顾客更紧密联系的手段。

（3）主动引导市场发展的方向。

从访谈中得到的信息与从表 3-3 中得到的信息高度一致。被访者特别是高层管理者都是从企业的发展战略出发来认识建设 PSS 的目的的。作为设计理论研究者，在了解企业方的战略需求之后，需要从设计哲学的角度对这些需求加以认识和理解，使这些企业战略目的转变成为能够指导设计团队工作的设计目的。

3.3.2　企业在 PSS 设计中的决策过程

作者对研究样本的设计决策过程进行了调研。决策过程是设计活动的重要核心环节之一。设计决策的授权以及做出决策之前的评估都是精心安排的，以确保决策结果正确。在实践和观察中发现，设计决策可以大致分为两类：一种是战略性决策，涉及企业发展战略和产品系列的制定；另一种是制定产品规格和设计过程中的决策，涉及具体设计案例的最终效果。

在本研究中主要关心决策中的以下问题：

（1）决策者是谁？

（2）决策时间点在哪里？

（3）在 PSS 设计中，最重要的设计决策有哪些？

（4）在 PSS 设计中，有哪些设计决策需要各部门共同做出？

1. 在先导研究中，对设计中何人决定了何种 PSS 设计决策进行了调查

将设计决策的相关内容分为以下几个问题，并分别进行了调查。

1）谁做出建设 PSS 的决策

所有的调查样本都显示建设 PSS 的决策是由企业最高管理层决定的。在调研中发现，样本企业都是第一次进行 PSS 建设，这与 PSS 的概念很新有关。与传统的产品研发、生产、销售、服务的企业经营方式相比，这种将产品与服务紧密结合、作为加强企业与顾客之间紧密联系的方法对于企业的战略、组织架构、人员知识结构等方面的要求差别很大，没有最高管理层的决策，不可能启动。

调查中还发现，每个样本企业在决定建设 PSS 项目时都经历了较长时间的酝酿过程。在这个酝酿过程中，企业的高层管理者进行了顾客调查、项目模拟、顾问咨询、人才寻找等大量的研究工作，最后才决策进行 PSS 设计工作。

PSS 设计决策情况见表 3 - 4。

表 3 - 4   PSS 设计决策情况

样本企业	A	B	C	D
建设 PSS 的决策由谁做出	高层管理者	高层管理者	高层管理者	高层管理者
决策酝酿时间（月）	6	15	12	9
该决策是否涉及企业战略调整	是	是	是	是
该决策是否涉及企业组织机构调整	是	是	是	是
该决策是否涉及企业人才结构调整	是	是	是	是
是否为第一次建设 PSS	是	是	是	是

2）高层次的设计决策由谁做出

在样本企业 B，高层次的设计决策由以下部门做出。

（1）产品技术发展。

有关产品技术发展的决策由研发部门和高层管理者共同做出。

（2）产品需求与技术特点。

有关产品的关键技术指标与技术特点、产品线规划等决策由市场部做出。一般情况下，市场部不介入具体的设计事务，仅负责提出产品线策划的构想以及具体产品的设计规格构想。信息基本上是单向地由市场部向设计部流动。

（3）产品造型风格。

有关产品造型风格的决策由工业设计部门做出。

（4）PSS 的架构与服务方式。

有关 PSS 的架构、运行模式、服务方式的设计决策由工业设计部门和高层管理者共同做出。这里的工业设计部门系指有服务设计人员加入的 PSS 设计团队。这是公司研发规范中规定的一般决策流程，在与企业高层管理者访谈中也得到了确认。在 PSS 实际设计工作中决策情况是否与之一致呢？

将设计涉及的主要决策方面列表（表3-5），对企业 B 进行调查。调查对象是工业设计部门的设计师和研发部门的研发工程师。表中的 ● 系作者根据产品设计理论和该公司产品设计流程的规定认为决策应该涉及的职能部门（人员），实际调查的结果用 ★ 表示，每位被访者在该公司的各个职能部门中选出实际设计工作中对每个方面决策有影响的部门。

表3-5 显示了实际工作中的高水平设计决策的参与者与理论上的决策者之间的差异。如材料的选择方面，销售部门参与到产品的材料选择之中就是设计流程中没有规定的。PSS 的服务方式决策也牵涉到工程设计部门也是出人预料的，在企业 B 中，工程技术设计可以通过产品的工程设计，改变产品运行信息的传递方式和运行控制方式，从而改变服务方式。而产品质量目标方面的决策居然涉及除质量管理部之外的 4 个部门也是出人预料的。

表 3-5 PSS 设计决策涉及部门

决策	产品规划部	市场部	研发部经理	项目组长	工程设计	工业（服务）设计	销售部	顾客服务部	质量管理部
创新设想	●★★★★★	●★★★★	●★★	●★★	●★★	●★★★		★★★	
质量目标	★★★★	★★★			★	★			●★★★★
产品造型		★				●★★★★			
材料类型	●★★★★	●★★★★			●★★	●★★★	★★★		
色彩	●★★★★★	●★★★★				●★★★	★		
包装	●★★★	●★★★			●★★★★★	●★★★★★	★		
人机工学	★★				★★				
重量	★★★				●★★★★	●★★★			
能耗效率	●★★★	●★★			●★★★				
技术水平	●★★★★★	●★★★							
产品需求			●★★★		●★★★				
工装模具		●★★★★	★★★	★	●★★★★★				
产品寿命	●★★★★★	●★★★	●★★★★	★★	●★★★★★	●★★★★★		●★★	
PSS 架构	●★★★	●★★★		★★	★★	●★★★★★			
服务模式	●★★★★	●★★★★★				●★★★		●★★★★★	
计价方式	●★★★★★				●★★★★	●★★★	●★★★★	●★★★	
回收性能	●★★★				●★★★★	●★★★			
环境性能	●★★				●★★★★	★★			

69

3）工业设计部门的角色定位情况

在企业的设计流程中，每个部门自然形成了各自的角色定位。这种定位将各职能部门介入到设计流程中的原因和方式相对合理地固定下来。从本研究的目的出发，当然关心工业设计部门在 PSS 设计中的角色定位情况，因此重点调查了在样本企业 B 的设计流程中工业设计部门的角色定位。

从上述调查可以看出，工业设计部门在样本企业 B 的 PSS 设计流程中的角色定位。在样本企业 B，工业设计部门承担了在总体概念上构架 PSS、在细节上设计产品和服务系统，确保 PSS 的概念符合企业的战略利益的角色。

2. 对于决策时间点的研究

设计阶段的决策影响比后续阶段的决策影响要大得多这一论断已经得到广泛的承认。[65][66]同时，尽早做出正确的决策对于后续决策的正确性也是非常重要的。

本部分研究重点考察企业 B 对 PSS 建设和有关可持续设计的决策方式是怎样的。研究方法为非正式的观察与访谈。访谈对象是企业高层管理者、设计部门主管和设计团队中的设计师。

1）项目酝酿阶段的决策

设计实际上在组成设计团队和项目正式立项之前就开始了。尽管在立项时给出一大堆有关项目目标的说明会给设计团队带来一些思路上的限制以及心理上的被动感，但是在实际工作中总要有人在项目酝酿阶段做出一些重要的决策。在本研究中得到以下三条主要的结论。

（1）公司规定的设计流程并没有完全反映实际设计过程中的决策流程（表3–5）。

（2）PSS 设计和产品设计一样，PSS 设计如果能够让设计师尽早介入项目酝酿阶段，对立项过程中的决策有所参与，将大大提高设计人员的积极性和创新动力，从而有利于设计阶段的顺利进行。

（3）有关PSS建设和可持续设计的决策往往发生在项目酝酿期，此时企业中甚至还没有这样的设计人才与技术人才。

2）部门间的相互影响

企业B部门间的交互作用对于设计决策的影响一般来说是正面的。往往是市场部提出需要的新产品规格，工业设计部门参与意见，信息被转到工程设计部门修改设计。这一流程运行得很好，新产品的规格清单很早就被各个有关部门所了解。

各部门对有关新产品的信息积极交流，相互协作，共同完成新产品的设计任务。作者对企业B各部门之间的交流总体印象是结合得比较紧密，当然偶尔出现信息交流的脱节也是可以理解的。

3. 对于PSS设计，最重要的设计决策是哪些？

每个设计项目不同，对于哪一个决策最重要的回答也不相同。但是从设计管理的角度看，得到访谈验证的最重要的设计决策有以下两种。

第一，设计定位评审设计后的设计冻结决策。由于设计工作的创新性和优秀设计创意的偶发性，在先导性研究的几个样本公司里，在设计定位评审之后的设计工作中，依然允许设计主管根据设计进展情况，采纳一些优秀的设计创意，即使这些创意的实施会引起对已经评审通过的设计定位的修改。从调研的结果看，设计主管往往必须不断地评估吸引人的创意造成的后果与设计定位产生的设计目标之间的差异，将设计进展控制在可以接受的范围内。当设计进展到一定程度，对设计目标的修改将造成重大的成本付出时，设计主管将发出"设计冻结"的指令。自此，设计目标将不再修改，一切设计工作将按照已经形成的设计概念继续进行，直至设计工作结束。在PSS设计中，这种设计冻结指令往往发生在产品设计概念评估之后，这时与产品设计概念相适应的服务系统模式设计已经定型。

"如果不断地纠结于服务模式与产品性能特点之间的相互适应，

不断地对产品和服务模式进行修改，很快就会使产品设计人员和服务设计人员都陷入焦躁与沮丧的气氛中。所以，有时必须果断地做出决策，把事情进行下去。"某公司设计主管如是说。

第二，指派与描述设计任务。产品设计规格表（product design specifications，PDS）是产品设计定位过程的产物，在 PSS 设计中同样存在。PDS 描述了设计项目的明确目标。在有的样本公司中，PDS 不仅是一份详尽的 PSS 体系产品规格清单和服务设计的目标，同时还将各项目标的含义加以充分的说明，以使得设计团队对实现每一个特性的意义有较为深入的理解。在实践中发现，设计团队对于 PDS 理解得越深入，越能够产生创新的设计概念。

在样书企业 B 中，设计团队成员非常重视 PDS。PDS 在设计的早期就明确地形成了。关于产品与服务的关系、顾客与 PSS 的关系，PSS 的可持续性目标都在 PDS 上表述得比较清晰。

3.3.3　PSS 设计定位的主要特点

设计定位是设计任务中重要的一环。在产品设计中，其输出为 PDS。在 PSS 设计项目中，同样要进行这一阶段的工作，其输出不仅包含产品设计规格表，还包含产品—服务系统构架以及服务系统设计规格表。在对样本公司的调查中发现，出于习惯，设计团队仍然将这一系统表格统称为产品设计规格表（PDS）。

设计定位阶段的主要任务是同时考虑顾客的需求和企业的资源，构思出可以满足顾客要求的 PSS 的全貌以及其应有的特性，为设计工作的全面展开提供目标。

为了解 PSS 设计定位阶段的特点，作者采用问卷调查与访谈相结合的形式对样本企业的设计主管和主要设计师进行了调研，重点了解 PSS 设计定位与一般产品设计定位在思路上有何区别。参与调研的设计师共 10 人，故调研项目最高分为 10 分。对数据整理后，得到表 3－6。

表 3 - 6　PSS 设计定位的特点

顾客需求方面	顾客并不拥有产品造成的心理变化	10
	设计吸引顾客购买的"卖点"功能	8
	产品购买与付费方式	9
	经济上的合理性	8
	对环境与资源的保护	7
	服务的高水平与专业化	10
	产品运行阶段的成本降低	9

学术调研：PSS 设计定位的特点。

请选择您认为 PSS 设计定位与传统产品设计定位最不同的三个项目。

企业资源方面	产品—服务系统的构架设计	10
	销售与结算的方式	10
	企业发展战略方向的改变引起人力资源的变化	7
	产品—服务体系的可持续性	7
	产品可靠性的提高	8
	PSS 参与方的参与模式和管理模式	10
	服务体系与产品结合产生的创新点	9

学术调研：PSS 设计定位的特点。

请选择您认为 PSS 设计定位与传统产品设计定位最不同的三个项目。

PSS 设计定位对顾客需求和企业资源的考虑方式与传统产品设计定位有着较大的区别。从调查结果可以看出，在分析顾客需求方面，样本企业的设计师最重视的有两点，即"顾客并不拥有产品造成的心理变化"和"服务的高水平与专业化"；在分析企业资源方面，设计师最重视的有三点，即"产品—服务系统的架构设计""销售与结算方式"和"PSS 参与方的参与模式和管理模式"。从以上调研结果可以看出，在至关重要的设计定位阶段，PSS 设计与一般的产品设计考虑的重点有很大的不同，值得进一步仔细探究。

3.3.4　PSS 设计团队的特点

一个企业的设计个性决定了每个设计师在设计工作中能否自由地将其创造性发挥出来。不论正式的设计流程规定得多么合理，设计师的个人特点对于 PSS 设计的成功与否都有着重要的影响。

作者对样本公司 PSS 设计团队的特点进行了调研，研究重点放在以下几个方面。

（1）高层管理者在设计过程中的主要作用是怎样的？

（2）设计团队的内部沟通与一般产品设计有何不同？

（3）PSS 设计团队中是否存在与一般的产品设计和服务设计团队不同的"灵魂人物"？

研究主要以访谈的方式进行。访谈对象包括样本公司的高层管理者、设计部门主管和一般设计师。研究得到的结果如下。

（1）高层管理者在 PSS 设计过程中起着至关重要的作用。因为几个样本公司都是第一次实施 PSS 建设，关系到企业发展战略的转变。每一个设计概念的提出都牵涉公司资源的投入、组织机构调整和人力资源调配的全局。没有企业高层管理者的决策，是不可能进行下去的。有时一个看似很细小的设计，也可能影响到企业重大的资源投入和经济利益，特别是销售与收费模式、参与方工作模式等方面的设计尤其明显。

（2）作者原以为因为服务设计团队的加入，PSS 设计可能会产生设计团队内部沟通方面的一些特点。但调研结果却显示出在设计团队内部没有特别引人注意的沟通问题。服务设计团队与产品设计团队之间的合作与传统产品设计中设计师团队与工程师团队之间的合作方式非常类似。只要设计目标明确，两个团队就能够很好地合作。在这个沟通过程中有类设计师非常重要，就是下一个调研重点——"灵魂人物"。

（3）在传统的产品设计团队中，特别是在将设计引入企业的初期，有一类设计师充当了推进设计工作的"灵魂人物"。他们熟悉工业设计，同时非常熟悉加工工艺，还对产品的各项性能指标以及顾客使用过程和环境非常熟悉。这样的设计师往往成为设计团队的"灵魂人物"。他们能够从市场部、销售部提出的各项需求中敏锐地判断出最能吸引顾客的因素，同时又能以企业能够承受的资源投入为标准判断最好的设计概念，并且能将这种最佳设计概念非常有效地传达给各个职能部门，促使他们接受。在先导性研究中，作者有意识地在 PSS 设计团队中寻找是否存在这样的设计师。

研究结果表明，每个样本公司的设计团队中都自然出现了这样的设计师，作者将其称作"可持续设计先锋"。他们的共同特点是对 PSS 设计和可持续设计抱有很高的热情；努力探究 PSS 设计的内在规律；善于从顾客需求和企业利益两个方面对 PSS 设计概念进行判断；善于将优秀设计概念有效地传达到包括企业高管在内的各个职能部门。同时，他们还经常与企业外的学术资源、设计同行进行可持续设计和 PSS 设计方面的经验交流。

对"可持续设计先锋"在设计团队中的作用进行研究将是重要而有趣的。

3.4　确定研究命题

3.4.1　关于 PSS 设计的目的

在具体的设计工作中，企业和为企业服务的设计团队之间对于设计的目标应该是一致的。这样的一致更多地来自设计师从设计理论的角度对企业的目标加以解读。也就是说，企业的具体目的被设计理论解析之后，归结于设计的哲学目的中的某一个方面。前文已提到，在 PSS 设计中，企业最重视的目的有以下三项。

（1）作为改变企业发展方向的尝试。

（2）作为建立企业与顾客更紧密联系的手段。

（3）主动引导市场发展的方向。

作为可持续设计的一部分，PSS 设计的设计理论目标中哪些因素与这三项内容有联系？这种联系对设计活动的影响是什么？这就是探讨 PSS 设计目的要解决的命题。

关于 PSS 的设计目的，经过先导性研究确定研究命题如下。

研究命题 1：PSS 设计的设计目标中哪些因素与企业的三项主要要求相关联？这种关联对设计活动产生的主要影响体现在哪些方面？

（三项主要要求是：①作为改变企业发展方向的尝试。②作为建立企业与顾客更紧密联系的手段。③主动引导市场发展的方向。）

3.4.2　关于 PSS 设计定位的主要特点

设计研究工作应该从表象出发，研究其对于设计的本质意义。关于"产品—服务系统架构设计方面与传统产品设计区别很大""销售与结算方式发生变化"这些表象，作者认为其原因是 PSS 的某些特点造成了顾客与提供方的利益关系在 PSS 中发生了重大的变化。PSS 设计要达到的主要目的当然与传统产品设计是一样的，即满足顾客的需求，促使顾客产生购买欲望。设计研究的任务是仔细地考察与思考这种变化是什么？它对设计工作意味着什么？它为设计定位带来了哪些影响？

"PSS 参与方的参与方式和管理模式"是传统产品设计中没有的新课题，对这个新课题的研究必然要从设计定位开始。

结合实际设计工作，作者认为从建设实施 PSS 的企业战略方面看，PSS 可持续性的提高同样是企业实施 PSS 建设的重要目标。从调查中看出，样本企业的发展战略中都把引领市场潮流、引导顾客、引导标准建设等作为实施 PSS 建设和可持续设计工作的目的之一，所以在设计定位工作中不可能忽视 PSS 可持续性的提高这个方面。

设计定位中的这些重要变化无疑应该是主要的设计研究命题。综合起来，作者认为应该研究的主要命题如下。

1. 顾客需求方面的设计定位研究命题

研究命题 2：PSS 带来的顾客与企业之间的利益关系变化主要是什么？这些变化为顾客在经济和心理上带来了哪些需求？

2. 企业需求方面的设计定位研究命题

研究命题 3：PSS 设计在企业需求方面与传统产品设计定位中区别较大的因素有以下三点：

设计中应以产品服务系统的可持续性提高作为关注点。

产品与服务方式的创新是设计中的主要手段。

参与方的管理和利益保证在 PSS 设计中至关重要。

3.4.3 关于 PSS 设计团队与决策

有关设计团队的研究可以视为设计方法研究的一部分。设计团队构成的适当与否直接影响设计的质量与进度，同时设计决策的流程和实际过程又对设计质量和进度产生深刻的影响。从作者亲身体会来看，优秀的设计团队成员以及在合理的规定基础上自然形成的通畅决策体系对于 PSS 设计具有重要的价值。而公司最高管理者参与设计工作的热情度和态度对项目的进展以及设计质量有重大影响，因为 PSS 设计是新生事物，缺乏经验，直接影响企业的发展战略、资金投向、人力资源配置以及组织机构的调整，团队往往缺乏经验，没有高层管理者的参与，根本无法取得进展。

"可持续设计先锋" 这个角色在设计团队中的表现非常突出。

作者认为，主要原因是 PSS 设计尚处于探索阶段，所有的设计参与者都缺乏经验，这样的历史条件造成了"可持续设计先锋"这个角色的出现和重要性。回顾传统产品设计进入中国企业的历史，同样可以寻找到类似角色的身影。在这里将"可持续设计先锋"作为研究命题，研究其角色的作用对于 PSS 设计的发展有着阶段性的意义。

决策的时间点对于任何设计项目都是非常重要的。在缺乏经验、没有成熟的组织与设计模式的情况下，PSS 设计中的决策时间点显得非常重要，而且 PSS 建设对企业各个方面的影响是全局性的，比一般的新产品设计的影响大得多，所以决策时间点研究的重要性就更加突出。

PSS 设计牵涉到很多产品设计中经常使用的创新方法与工具，同时也使用了很多在服务设计中常用的方法与工具。遗憾的是，作者在亲身设计体验中和对样本企业的调研中都没有发现将产品设计与服务设计相结合而对 PSS 设计非常有效的方法与工具，个中原因很可能是 PSS 设计的经验还太少，尚未形成较为有效的专门的方法与工具，所以在本研究中就不打算专门研究 PSS 设计的专门方法与工具了。在今后的有关 PSS 设计的理论研究中，发现与形成专门有效的 PSS 设计工具应该是比较重要的研究方向。

综合以上思考，作者认为与 PSS 设计团队和决策过程有关的最为重要的特点有以下三个，并且将它们作为研究命题是比较合适的。

研究命题 4：高层管理者的积极参与和推动是 PSS 设计不可缺少的环节。

研究命题 5："可持续设计先锋"在 PSS 设计工作中的作用与地位。

研究命题 6：决定进行 PSS 设计的时间点必须在项目酝酿阶段。

04

第4章
可持续设计及PSS
的设计目的研究

可持续导向的产品－服务系统设计

本章将系统地研究可持续设计和 PSS 设计的哲学目标，从设计哲学目标的发展历史出发，分析先导性研究得出的研究命题具有的意义。

研究命题 1：PSS 设计的设计目标中有哪些因素与企业的三项主要要求相关联？这种关联对设计活动产生的主要影响体现在哪些方面？

企业的三项主要要求是：①作为改变企业发展方向的尝试。②作为建立企业与顾客更紧密联系的手段。③主动引导市场发展的方向。

4.1　设计目的的演变与影响

4.1.1　设计目的的演变

设计目的也就是设计界经常谈论的"设计理念"，例如"人性化的设计理念""绿色环保的设计理念"等，是一个高度哲学性的话题。设计目的在商业活动中经常被广告化和标签化，成为商业宣传的资料。这里简单回顾一下一百年来设计界、学术界对于设计目的的探索与追求过程。

1. 设计的开端

罗马艺术家、建筑家、军事工程师维特鲁威（公元前 80 年—公元前 10 年）在其著作《建筑十书》中提出，所有建筑必须满足三个原则：力量（稳固）；功能（实用）；美。

可以认为这个观点从哲学意义上初次阐明了设计的目的。这也正是近两千年后功能主义设计哲学的核心原则。

2. 包豪斯的设计哲学

包豪斯的设计哲学有两个中心目的。

（1）通过整合所有艺术类型和手工门类，在建筑学主导下，获得一种新的美学的综合。即在产品设计与制造中运用现代技术创造与之相符的形式语言。

（2）使美观的产品与合乎普通大众需求相联结，进而获得一种社会的综合。即为大众设计他们买得起且高度实用的、美的产品。[59]

这两个目的，格罗皮乌斯在 1926 年的演说中表达得非常清晰："事物是由其天性决定的。无论是一个花瓶、一把椅子或一间房屋，为了赋予它能正确发挥功能的形式，首先必须探究其本性，因为它应该完全为其目的服务，也即实际地实现其功能，同时也是耐用的、价廉的和美观的。"

包豪斯设计哲学延续了从 1907 年德意志制造联盟开始的两种趋势：①工业产品的标准化与规范化。②艺术家个性的发挥。艺术需要向新的工业领域拓展边界。正如格罗皮乌斯所言，"技术不一定需要艺术，但艺术肯定需要技术。"这两个目的影响巨大，在包豪斯之后的几十年里，成为设计活动的中心范畴。那么产生包豪斯设计哲学的社会环境主要是什么呢？

19 世纪的工业化使设计与执行分离。设计承担起将艺术与技术结合成为一个新的、适合时代的整体的任务。19 世纪后期欧洲生活改革运动的思想认为：20 世纪的现代人应该在清晰明亮的房屋中发展出新的生活方式，取代幽暗的房间和风格夸张的家具。

包豪斯的设计哲学获得巨大成功的原因是随着社会财富的积聚，发展的受益者开始包含社会中下层民众。从商业角度看，市场在那里；从消费者角度看，消费者需要好的产品。

3. 设计的发展

20 世纪 50 年代起，德国乌尔姆（ULM）设计学院继承包豪斯的传统，继续发展功能主义的设计思想。乌尔姆学院的教师将人体工学、数学技巧、经济学、物理学、政治学、心理学、符号学、社会学引入教学，立足于德国的理性主义传统，试图证明设计的科学特征。特别是通过数学方法的运用，重视设计方法学的发展，模块化设计和系统设计成为设计项目的核心。理性的设计与制造理念非常符合当时的制造技术水平，被德国企业广泛接受。[59]

在 ULM 学院毕业生 Dieter Rams 的强烈影响下，德国博朗公司的产品清晰地体现了功能主义，表现出以下特征。

——高度的操作合宜性。

——人体工学和心理学的满足。

——产品在功能上极具条理。

——细心而周到的设计细节。

——以简单的手法达到和谐的设计。

——设计建立在使用者需求、行为方式和新技术的基础上。

与此同时，随着生产力的发展和社会的更加富裕，人们对高品质、多样化的产品的需求日益强烈，而飞速发展的技术又为满足这种需求提供了手段。在设计实践极大丰富的同时，敏锐的设计师和学者对设计的哲学目的又做出了许多探索与思考。目前，代表设计界思想主流的世界工业设计协会将设计定义如下。

目的：

设计是一种创造性的活动，其目的是为物品、过程、服务以及它们在整个生命周期中构成的系统建立起多方面的品质。因此，设计既是创新技术人性化的重要因素，也是经济文化交流的关键因素。

任务：

设计致力于发现和评估与下列项目在结构、组织、功能、表现和经济上的关系：

——增强全球可持续性发展和环境保护（全球道德规范）；

——给全人类社会、个人和集体带来利益和自由；

——最终用户、制造者和市场经营者（社会道德规范）；

——在世界全球化的背景下支持文化的多样性（文化道德规范）；

——赋予产品、服务和系统以表现性的形式（语义学），并与它们的内涵相协调（美学）；

——设计关注于由工业化——而不只是由生产时用的几种工艺——所衍生的工具、组织和逻辑创造出来的产品、服务和系统。限定设计的形容词工业的（industrial）必然与工业（industry）一词有关，也与它在生产部门所具有的含义，或者其古老的含义勤奋工作（industrious activity）相关。也就是说，设计是一种包含了广泛专业的活动，产品、服务、平面、室内和建筑都在其中。这些活动都应该和其他相关专业协调配合，进一步提高生命的价值。

因此，设计师一词指的是从事智力专业实践的人，而不是简单地从事贸易或为企业服务。[67]

从设计的哲学目的的演变可以看出，设计的目的总是受到社会经济、技术、文化以及社会思潮的影响。研究可持续设计及 PSS 设计中的目的性，就是研究在可持续发展及 PSS 特定的目标和条件下，设计目标的特点及对设计活动的影响。

4.1.2　设计目的影响下的设计活动

孤立地谈论设计的哲学目的是没有意义的。设计学科与其他工程学科的最大不同点在于设计学科研究解决的对象是人与物（产品）的关系，而各类工程学科着重研究解决的是物与物之间的关系。设计的哲学目的表现在如何处理产品和与产品发生关联的人和物及环境之间的关系，而对"物"和"环境"的研究也是从它们对"人"的影响出发来进行的。

现代的主流设计理论认为，产品具有作用于人类和人类生存环境的多样化的功能。

图4-1是根据约亨·格罗斯、宾德·露巴奇和阿罗德·斯丘尔的设计理论表示的图形。[60] 其反映了在一个产品的设计过程中，设计者需要处理的各种关系。该图具有高度的哲学性，将一个产品可能面临的所有关系都概括纳入了。随着设计的不断发展，我们总是在不断地丰富图中包含的几种不同关系的内容。这里简单地回顾一下这几种重要关系的具体内容。

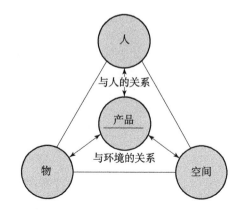

图4-1 人—物—空间
的关系

1. 产品与人的关系

产品与人的关系的核心是产品与消费者的关系。若一个产品没有顾客，它就不能成为一个产品，围绕其所做的一切工作就都被浪费。阐述产品与消费者关系最深刻的研究成果之一是约亨·格罗斯提出的"格罗斯图"，[59] 如图4-2所示。

格罗斯图精巧地构建了产品的实用功能、语言功能、形式美学功能和符号象征功能与消费者对产品的实用需求、心理体验、社会体验的满足之间的关系，从而为设计师处理产品与消费者之间的核心关系提供了明确的线索。

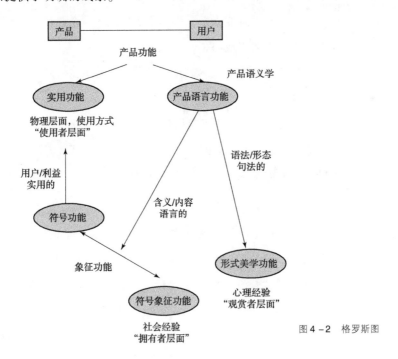

图 4 - 2　格罗斯图

2. 产品与企业的关系

产品与人的关系中的另一个重要关系存在于产品与制造商之间。一般认为，产品设计与制造商之间有以下几种重要联系。

（1）设计是企业的策略之一。设计过程中要对企业的品牌、核心技术优势、发展战略等条件加以综合，形成高质量的产品需求界定，使企业的品牌和产品取得成功。

（2）设计是加强企业竞争力的手段。通过设计，应创造并保持住新的消费群体。在与竞争对手接近的技术条件下，通过对产品宜用性和形式美的改善取得竞争优势。

（3）设计是保证产品质量的手段。将产品技术上的高品质通过产品外观在视觉上表现出来，为企业取得市场成功创造机会。

（4）设计是产生创新的重要环节。在有建设性的相互批评和相互帮助下，工程师与设计师善于利用交叉学科的优势，一起创造出新的革新性的解决方案，形成"社会创造力"。

（5）设计塑造企业形象。企业形象设计与企业视觉传达设计是企业战略的重要组成部分。

（6）设计能降低成本。设计要点之一就是在研发阶段和生产阶段降低成本。[60]

产品与企业的关系可以朴素地理解为，设计师受雇于企业，为企业服务；设计师设计的对象是出售或展示给消费者的。因此，设计师首先考虑这两个方面是极其自然的。

3. 产品与物的关系

在一个具体的设计活动中，设计师所要处理的产品与物的关系是指产品与其周边其他物体或小环境的关系。例如，一套餐具与物的关系就是它与食品、饮料、桌布、酒具、餐桌椅和餐厅灯具之间协调与否。这种协调包括功能性的和美学的，而是否协调的出发点又是这些"物"在美学和人机工程学等方面对使用者的影响。

产品与空间的关系可以视为产品与大环境的关系。还以餐具为例，将环境向更宽的范围延伸，就要考虑餐具与餐厅、房子的协调问题。这之中应该着重关注的是产品的象征性语义，即产品的拥有者对于产品的社会性的体验。拥有一套具有皇家品牌背景的餐具与拥有一套塑料一次性餐具的心理体验和社会体验当然是不同的。

随着设计目的的不断演进，在上述三大关系的处理中需要考虑的内容越来越多。可持续发展的设计思想对设计师处理这些关系提出了前所未有的丰富要求。

4.2　关于设计目的的探讨

4.2.1　可持续设计的目的

可持续设计的含义是指通过设计，使产品、建筑和环境、服务等设计对象符合经济的、社会的和生态学的可持续发展的原则。其涉及的范围从微观的日常用品到宏观的建筑、城市乃至地区及地球的生态环境。其目标是使设计对象如地区、产品、服务等减少对不可回收资源的使用量；减少环境冲突；加强人们与自然环境的联系。现在，可持续设计已经被看作实现可持续发展的必要手段。

作为一种设计哲学，可持续设计强调在设计产品与服务时遵循经济的、社会的、生态的可持续原则。可持续设计意图"通过设计技巧和感性的设计，完全消除对环境的负面影响"，[1]具体表现为设计的产品不使用不可再生的资源、环境成本最小化、将人与环境相联系。

要使经济增长与环境压力加大脱钩，有两种方式：一种是相对脱钩，即环境成本总量依然在上升，但上升速度低于经济增长速度；另一种是绝对脱钩，即在经济增长的同时，环境成本的总量是下降的。

在人口不断增长、环境渐趋恶化的情况下，究竟要怎样做才能达到可持续发展的目的呢？可以用"环境改善因子"来回答。环境改善因子是指经过各种减少环境影响的努力之后，单位产品或功能对环境影响的程度比现有产品或功能减少的量。如经过设计改进等一系列的努力，单位产品或功能的环境影响只有原来的一半，则该改进的环境改善因子就为2，如单位产品或功能的环境影响只有原来的四分之一，则环境改善因子为4（图4-3）。

联合国环境规划署的研究认为，在目前的经济发展水平下，为了可持续发展，减轻地球资源的负担，应该将产品消耗的资源减半，即产品的环境改善因子应为2。考虑到经济进一步发展的要求，产品的环境改善因子应为4。如果考虑在不久的将来（2025年），地球的人口总数要达到90亿，且所有的人类居民都享有基本的生存保障，经济发展水平持续提高，则环境改善因子应为10~20。

联合国环境规划署所做的研究认为，以当前产品为参照，通过重新设计，有可能将产品环境改善因子提高到2~4。通过功能创新，用新的方式解决问题，有可能将环境改善因子提高到5以上。而要实现10~20的环境改善因子，必须通过激进的、系统级的创新才有可能做到。[2]如图4-3所示。这种激进的、系统级的创新通常要靠巨型企业和政府的促进才可能实现。例如将现有的燃烧化石燃料发电的方式改变为以风能、太阳能为主要成分的发电方式。

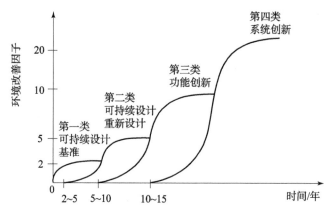

图4-3 产品创新方式可能提高环境改善因子的程度

4.2.2 可持续设计中产品与人的关系研究

在可持续设计中，为达到经济的、社会的和生态学的可持续发展的目的，在处理设计对象与人的关系方面就增加了丰富的内容，这也就是说，设计目的的边界扩大了。

首先，除了最终消费者和制造商之外，还有很多人群也要被包含进来。这就产生了"利益相关方"的概念。让我们按照产品生命周期的各阶段对利益相关方进行梳理（表4-1）。

表4-1 可持续设计中的利益相关方

产品生命阶段	人员	与产品的关联	可持续设计中应关心的利益所在
原材料获得	原料产地的工人与社区居民	无直接关联	劳动条件；劳动报酬；无童工；社区生态环境影响
生产加工	产品生产加工人员与社区居民	生产加工产品	产品生产中的工作效率；生产成本；危险性；劳动条件；劳动报酬；生态影响
储运、分销	产品储运企业、批发零售企业员工	储运，销售产品	产品储运中的体积重量；包装方式；工作效率；劳动条件；生态影响；包装材料处理
消费与使用	消费者	使用产品	日益关心产品的节能、环保特性
维修与服务	维修与服务人员	维修、保养产品，提供服务	产品的有效性；维修保养的方式；经济利益的实现方式

产品生命阶段	人员	与产品的关联	可持续设计中应关心的利益所在
回收	回收再利用企业员工	对产品拆解、分类、回收、翻新、再制	产品的拆解效率；标识的有效性；控制有毒有害物质与人的接触
废弃	垃圾填埋或焚烧企业员工与周边社区居民	无直接关联	控制有毒有害物质与人的接触；社区生态环境影响
	企业投资者	无直接关联	企业股东（包括上市公司的公众股东）对企业的可持续发展形象非常关心，希望规避环境风险
	政府	无直接关联	法令法规，对符合可持续发展要求的企业提供政策支持等

在可持续设计思想中，不仅要考虑所有上述人员的利益需要，而且要从新的、更全面的角度考虑他们的利益和关切。

对于原材料生产企业的可持续发展状况，目前主要以下游企业对上游企业提出可持续发展指标要求的方法来解决，即原材料的使用方要求提供方提供其产品或服务的可持续性证据。这些可持续性的证据包含材料的节约、环境影响减少、劳动保护与劳动报酬的进步等。例如造纸厂要求木浆的提供方提供其原料来源地、生产过程无害化、森林复建措施的证明。而用纸企业如报社、出版社、印刷厂则要求造纸厂提供其产品的类似证明。中立的认证机构则代表公众按照一定的标准对企业进行相关的认证，比较著名的认证体系有国际标准化组织推行的 ISO 14000 环境体系认证和 ISO 18000 劳动安全与劳动保护体系认证；国际建筑节能与环境设计体系（leadership in energy and environmental design，LEED）认证；美国能源之星节能体系认证，等等。随着加入认证体系的企业越来越多，更多的企业也积极行动起来，提高自身的可持续发展能力。

随着全球化的发展，企业的生产制造环节往往与其总部相隔遥远，大量的欧美产品是在亚洲或南美洲加工制造的。

为研究方便，我们可以将表4-1中的九类人群分为三类。第一类是直接生产、接触或使用产品的，包括产品生产加工人员、产品储运人员、产品分销（批发及零售）人员、产品消费者、产品维修与服务人员、产品回收再利用人员等。第二类是不直接接触产品的，包括产品原材料产地的居民、原材料生产企业员工、产品生产地周边社区居民、产品废弃处理（填埋或焚烧）涉及人员和周边社区居民等。第三类是投资者和政府。

第一类人员直接参与产品生命周期，与产品产生互动。设计本来就是以他们的需求满足为目标之一。从可持续发展要求的人与社会的可持续发展出发，这类人员对产品提出了越来越多的新要求。换句话说，设计师应该努力创新，为他们提供更能满足要求的产品。这种新的需求可能出现在以下方面。

（1）生产加工中的劳动生产率的提高。设计师应该将产品的造型设计与加工和装配过程相协调，提高产品的生产效率。

（2）通过良好的设计，可以使产品的生产和装配环节的劳动强度减低。

（3）生产过程中有毒有害物质的使用与排放控制。设计师通过不选用有毒有害物质的原材料，选用合理的造型与生产工艺，可以减少有毒有害物质的使用量和排放量，避免劳动者与有毒有害物质的接触。如采用水基的涂料代替有机基的涂料；选用新型的溅射涂镀工艺代替传统的化学电镀等。

（4）产品的包装方式设计能够降低劳动强度，有利于运输和仓储企业降低储运成本，减少储运过程中的能源消耗和污染。对于有低温保鲜要求的产品，在冷链设计和运输方式设计中这种考虑尤显重要。

（5）产品使用中的能源与资源消耗应尽可能降低，特别是减低使用过程中消耗材料的环境影响，减少用户的使用和持有成本。

（6）考虑产品的环境性能和品牌形象对购买者心理和社会象征意义的影响。

第二类人员是不直接接触产品的，他们的以下利益与设计有关。

（1）选择原材料的原则中应增加有关原料开采、加工过程中的劳动保护条件。原料供应商对原料产地的环境可持续发展应尽到责任，原料产地居民应能够分享到经济和社会发展的利益。

（2）在使用后的回收与废弃阶段与产品接触的是产品拆解、废弃物填埋或焚烧企业的员工以及填埋场或焚烧厂附近的社区居民。为了他们的利益，在设计中要考虑产品的拆解效率和零件材料标识系统，并尽量减少有毒有害物质的使用量。

第三类人员是企业投资方（投资者）和政府相关部门。

（1）越来越多的投资者重视所投资企业的社会形象，同时回避潜在的环境风险。所以在产品设计中应充分考虑如何提升产品与企业的环境友好形象。

（2）政府部门越来越重视环境和可持续发展，企业开展可持续设计策略，可以化被动接受法律法规为主动出击，与政府有效沟通合作，在改善企业可持续发展方面提出更加有效并切实可行的方案，与政府相关部门建立良好的互动关系。

以上是可持续设计中有关设计对象与人和社会的以及生态的关系处理。为了贯彻可持续发展思想中"社会的和生态学的可持续发展原则"，需要对上述人群的需要加以细致的设计处理。

4.2.3　产品生命周期管理

在一般的可持续设计项目中，设计活动是围绕着"产品生命周期管理"的思想展开的，也就是对所设计产品的全生命周期中的经济、人与社会、生态环境影响加以全面的分析评估和取舍，设计出对这三个方面都最为有利的产品。一般将产品的生命周期分为原材料获取、产品生产加工、产品储运与分销、产品使用、产品使用后的回收再利用、废弃（填埋或焚烧）等几个阶段。

可持续设计思想体现在 LCM 的各个阶段，已经发展出一系列具体的方法与工具。但是在 PSS 中，由于将"卖产品"变为"卖功能"，给设计目标带来了一些重要的变化。

4.2.4 PSS 的设计目的

PSS 设计的哲学目的与可持续设计的目的是相同的。同样是在发展的同时，满足各方面利益相关者的需要，同时减轻环境冲突。

PSS 设计是可持续设计的重要组成部分。作为可持续发展的一种重要途径，PSS 从功能经济思想出发，将"提供产品给顾客"的传统商业模式转变为"向顾客提供功能"的全新模式。在 PSS 中，服务作为提供功能的有机组成部分与产品紧密结合，带来了全新的商业模式，也丰富了设计师的工作内容。

更加重要的是，PSS 获得高可持续性的方法突破了"产品生命周期管理"的框架，它利用服务和产品结合，在提供功能的同时增强系统的可持续性。这种脱离 LCM 的框架、依靠产品与服务结合而提高可持续性的途径或手段正是研究的重点。在 PSS 设计项目中，设计对象不仅仅是产品，而是产品加服务。设计创新不能仅仅围绕产品生命周期的各个阶段进行，而应将服务与产品创造性地结合，以产生高可持续性的系统。

PSS 不仅要求企业做出改变，同时也要求顾客的消费方式做出改变。联合国环境规划署认为建设 PSS 是引导人类走向"可持续型消费社会"的重要步骤。[2]从设计的角度看，引导与促使顾客改变消费方式，接受 PSS，是设计师与企业的重要任务。这个任务是非常艰巨的。

从先导性研究中得出，企业认为实施 PSS 建设的主要目的有三项：

（1）作为改变企业发展方向的尝试。

（2）作为建立企业与顾客更紧密联系的手段。

（3）主动引导市场发展的方向。

在文献研究中关于企业实施 PSS 建设的动机已经分析得较为透彻，也符合先导性研究得出的结论。

从广义的企业发展战略角度进行观察，企业的这三项要求反映的是企业在战略上有着改变发展方向的愿望。企业希望 PSS 能够将企业的发展方向引向以下几个方面。

（1）企业希望扩大产业链，改变企业单纯的产品提供商的身份，演变成为系统的提供商。这种系统包含非标设计与系统设计服务、系统成套设备提供、系统运行服务、产品使用后寿命阶段服务等领域。

（2）在企业财务方面，利润中心发生分散。利润中心从产品销售环节分散至特定顾客的系统设计服务、产品租赁、系统运行管理服务、产品再利用等环节。

（3）在企业核心竞争力方面，将产品设计、产品制造与销售方面的核心竞争力扩展到包括系统设计服务、产品系统运行管理服务等方面。

（4）在市场策略方面，为了适应企业发展战略的转变，希望 PSS 承担引导市场消费方式转变的任务，尝试引导顾客能够比较传统产品与 PSS 带给顾客的功能品质上的差异，改变消费习惯，建立从产品持有成本计算的角度判断产品与系统在经济性方面的优劣的概念。特别是利用 PSS 中的服务功能，加强企业与顾客之间的联系，提高顾客的忠诚度。

以下从上述各项企业战略目的出发，分析在可持续设计哲学目的指导下，PSS 设计的目的侧重于哪些方面。这些设计目的既能满足企业在建设 PSS 中希望达到的战略意图，又能满足顾客以及环境资源消耗等方面的需要。

设计理论中，在处理产品与顾客的关系方面主要的理论工具是格罗斯图。格罗斯图将产品设计与顾客之间的关系分成四个主要方面：第一是实用功能；第二是美学形式法则。格罗斯将之称为产品语言体系中的语法部分；第三是产品语义中的符号与标识部分，这可以看作产品语言含义中偏功能性的部分；第四是产品语义中的象征部分。在产品设计中，象征功能体现了设计者对于产品在特定社会文化背景中对于顾客社会地位、财富、价值观、个人修养等方面的认识与表达，以及顾客的认同。[68]

1. 实用功能方面

与传统的产品—销售商业模式比较，在 PSS 商业模式中，企业与顾客的经济利益关系发生了重要变化。在传统的产品经济模式中，产品的价值实现发生在顾客购买产品的时刻，价值的高低取决于顾客愿意付出的金额，产品提供方是价值的提供者，顾客是价值的消耗者。提供方的利润中心与产品的销售相连接。在 PSS 商业模式中，提供方是价值的提供者，顾客成为价值的使用者。价值的概念发生了变化，成为联结提供方与顾客的一条纽带，双方共同维系这条纽带，保证功能可以持续地从提供方流向顾客。利润中心与功能的提供相连接，利润的多少取决于顾客购买了多少功能，持续了多长时间。

从企业希望 PSS 达到的战略意图分析，在 PSS 的实用功能方面，设计目的应该是满足 PSS 长期、低成本、高可靠地运行，以不断地维系企业与顾客之间的价值纽带。而在传统的产品商业模式中，设计目的更倾向于促使销售的实现。为了促使销售实现，在传统产品的设计中，不可避免地产生了追求功能最大化的倾向。设计者不断地在产品功能的多样化方面进行"创新",其最终目的并不是方便顾客购买产品后使用,而是希望这些功能成为促使顾客做出购买行为的"卖点"。商业竞争的激烈与技术同质化的瓶颈为这种倾向推波助澜,其结果是顾客付出金钱,购买了一大堆极少或者根本不需要使用的功能。企业在这些功能上投入了资源与金钱,而或主动或被动地在顾客看不见或不了解的方面"偷工减料",造成产品的可靠性降低、安全性降低、日常运行中的能源消耗提高等不利于可持续发展的结果,更使企业为了压低成本,不能向生产工人提供应有的劳动条件与安全保障,不能对原材料产地的生态与资源提供保护与复建。让我们再看一下世界工业设计协会所给出的设计目的。

设计致力于发现和评估与下列项目在结构、组织、功能、表现和经济上的关系:

——增强全球可持续性发展和环境保护(全球道德规范)。

——给全人类社会、个人和集体带来利益和自由。

——最终用户、制造者和市场经营者(社会道德规范)。

我们可以认为,现存的产品—销售商业模式有将这个崇高的目的异化的倾向。

在 PSS 商业模式下,这种倾向有所改善。为了建立与顾客长期而紧密的联系,设计目的应该回到其本源,即产品应该是好用的、美观的、经济而耐用的。花哨的功能不应提供给顾客,因为顾客购买的是最终的"功能"而不是产品本身,他们也更加容易接受真正的可持续性高的产品与系统。这样的产品服务系统应该具有高品质、高可靠性、使用成本低、维护成本低、通过回收再利用创造新价值的特点;在产品与服务的结合方面积极进行设计概念创新,使顾客乐于接受。这些特点与企业追求的目标具有较高的一致性。

2. 产品或系统的美学形式法则方面

PSS 设计追求的目标与传统产品设计最大的不同在于增加了服务设计领域的设计内容。在产品设计方面，对形式美的追求目标没有变。不能认为在 PSS 中，顾客往往在所有权方面并不拥有产品，其对产品审美方面的要求就有所降低。而在服务设计领域，对于与顾客发生交互的所有服务界面都存在形式美学方面的要求，同时也存在对服务心理、服务流程方面的体验性审美的追求。

3. 产品语义中的符号与标识方面

格罗斯将这部分内容归于实用功能的一部分加以考虑。[68]在产品设计中运用形态的符号性与标识性的主要目的是帮助顾客对产品的使用方法、使用流程、安全操作等事项进行理解、记忆、提示和指导。这些目的在 PSS 设计中依然存在。PSS 中的服务与运行维护部分往往涉及运用网络技术与顾客交互，所以在交互设计方面有较多的工作。

4. 产品语义中的象征部分

顾客选择购买产品的理由可以是经济上的，也可以是产品功能和品质上的，还有一个重要方面就是该产品在社会生活中能够给顾客带来哪些社会象征意义。对于传统产品设计，这个问题已经研究得比较透彻，在产品设计中也运用得比较充分了。一个人用什么样的产品，选择什么品牌，可以折射出其性格、生活方式、生活情趣、价值取向、社会地位、财富多寡等多方面的社会特征。而设计师的任务是将产品的属性、企业的战略形象追求与对潜在顾客的社会特征的理解相结合，用设计手段塑造出产品的象征意义，满足顾客与企业的共同需求。对于 PSS 的潜在顾客，赋予 PSS 什么样的社会特征含义能够契合他们？不同的 PSS 设计项目有不同的特点和不同的潜在顾客。作者认为从 PSS 的共性出发是进行象征特性设计的基础。PSS 的共性主要是其可持续性、服务与产品结合而产生的高品质的功能与效率、经济上的合理性。在设计中应该以体现出这三个基本特点作为塑造系统象征性的目的，通过产品形态塑造、服务模式架构、服务界面的细节设计等手段加以实现。同时，通过有关企业社会责任形象塑造的手段如企业形象设计、公共关系设计等，塑造相应的企业形象，共同对顾客施加影响。

这里可以再回顾一下设计与企业的关系。

（1）设计是企业的策略之一。设计过程中要对企业的品牌、核心技术优势、发展战略等条件加以综合，形成高质量的产品需求界定，使企业的品牌和产品取得成功。

（2）设计是加强企业竞争力的手段。通过设计，应创造并保持住新的消费群体。在与竞争对手接近的技术条件下，通过产品宜用性和形式美的改善取得竞争优势。

（3）设计是保证产品质量的手段。将产品技术上的高品质通过产品外观在视觉上表现出来，为企业取得市场成功创造机会。

（4）设计是产生创新的重要环节。在有建设性的相互批评和相互帮助下，工程师与设计师能够一起创造出新的革新性的解决方案，形成"社会创造力"，善于利用交叉学科的优势。

（5）设计塑造企业形象。企业形象设计与企业视觉传达设计是企业战略的重要组成部分。

（6）设计能降低成本。设计要点之一就是在研发阶段和生产阶段降低成本。[60]

对照以上六条设计对企业担负的任务，作者认为，在 PSS 设计中，应该重点注意第（2）条和第（4）条，即"通过设计，应创造并保持住新的消费群体。""在有建设性的相互批评和相互帮助下，工程师与设计师善于利用交叉学科的优势，能够一起创造出新的革新性的解决方案，形成'社会创造力'"。在 PSS 设计团队中，不仅有设计师团队与工程师团队的交流，还有产品设计师与服务设计师的交流。如果组织得当，不乏创新的机会与动力。第（5）条指出，PSS 设计的主要任务是创造良好的企业社会责任形象，并且不限于视觉传达领域，要扩展到服务形象设计和产品形象设计以及网络交互设计领域，形成合力。第（6）条完全符合可持续设计的要求。在 PSS 将企业与顾客之间的利益关系改变得较为合理之后，在实际工作中设计将进展得更加顺利。

4.3　小结

本章简约地探讨了设计哲学目的的演变。当今设计界广泛认可的有关设计的本质与目的的论述中已经包含对于设计与人、设计与社会、设计与环境的关系的总体要求。其中，国际工业设计协会给出的"设计的目的与任务"论述得最为明确与权威。PSS 设计的哲学目的当然没有离开该论述的范畴。

具体分析可持续设计的设计目的，是以上述设计的哲学目的为出发点，讨论可持续设计中设计师应该重点关心的设计方向与重点。通过分析可以看出，可持续设计的特殊性在于设计涉及的范围比较广泛，特别对设计师处理产品与人、产品与环境资源的关系方面提出了较多要求。

PSS 设计是可持续设计范畴中较为独特的一部分。它的独特之处在于跳出了"产品生命周期管理"的框架，以产品加服务构成系统的方式向顾客提供功能。在设计目的方面与可持续设计的目的是一致的。为研究 PSS 设计目的的特殊之处，在先导性研究中得出了企业实施 PSS 建设最为主要的三方面战略目的。本章将有关设计目的的讨论与企业的主要战略目的结合在一起讨论，得出了 PSS 设计在处理 PSS 与顾客关系方面的设计目标，以及满足企业战略要求的努力方向。

有关研究命题 1，得出的具体结论如下：

（1）产品服务系统应该具有高品质、高可靠性、使用成本低、维护成本低、通过回收再利用创造新价值的特点。

（2）在产品设计方面，对形式美的追求目标没有变。在服务设计领域，对于与顾客发生交互的所有服务界面都存在形式美学方面的要求，同时也存在服务心理、服务流程方面的体验性审美方面的追求。

（3）在设计中应该将体现出 PSS 的可持续性、高品质的功能与效率、经济上的合理性三个基本特点，作为塑造系统象征性的目的。

（4）在视觉传达领域、服务形象设计领域、产品形象设计以及网络交互设计领域共同努力，创造良好的企业社会责任形象。

以上有关设计目的的讨论为具体的 PSS 设计工作确立了较为明确的工作目标。在后续的研究中，将涉及在具体设计工作中对这些目标的深入理解与运用。

05

第5章
PSS设计定位研究

可持续导向的产品·服务系统设计

设计定位是设计项目的开端，其结果是产生项目的设计目标清单，又称为产品设计规格书（PDS）。后续的设计工作都是围绕着这些设计目标展开的，这些目标也是设计评估的依据。

先导性研究发现，在 PSS 设计定位阶段的主要研究命题有二：

一是顾客需求方面的设计定位研究命题，即

研究命题 2：PSS 带来的顾客与企业之间的利益关系变化主要是什么？这些变化为顾客在经济上和心理上带来了哪些需求？

二是企业需求方面的设计定位研究命题，即

研究命题 3：PSS 设计定位在企业需求方面与传统产品设计定位区别较大的因素有以下三点：

设计中应以产品服务系统的可持续性提高作为关注点。

产品与服务方式的创新是设计中的主要手段。

参与方的管理和利益保证在 PSS 设计中至关重要。

Otto 和 Wood 所做的设计管理研究认为，产品开发是一种程序，包括三个阶段：掌握设计时机、确立产品构想、在设计中实现设计创意。第一阶段包括决定是否进行新产品开发的所有研究工作，第二阶段包括决定新产品预想效果的工作，第三阶段则是保证新产品达到最佳品质的环节。其中，第一阶段工作属设计定位，[69]如图 5 -1 所示。

在设计管理研究中，一般将设计定位视为一个过程，其输入有两部分：一是目标顾客的需求分析、情感分析、环境氛围分析等；二是企业分析。在 PSS 设计中因为有"参与方"的加入，我们将提供 PSS 的企业称为提供方。提供方拥有的技术资源、生产资源、市场资源等必然影响产品或 PSS 的架构与形态。但是提供方对于本设计项目的战略构想和期待其完成的任务是什么，将是影响产品的更加直接而有力的因素。在设计定位过程中，必须将这两方面的信息在设计目的的指导下进行分析与决策，形成设计目标清单。下面分成几个方面研究与 PSS 设计定位有关的要素与方法。

掌握设计时机
- 产品构想
- 市场分析
- 消费者需求分析
- 竞争分析

确定产品构想
- 全面规划
- 功能模型建立
- 产品结构分析
- 工程设计

实现设计创意
- 技术实现方式
- 实体模型建立
- 设计变量分析
- 耐用性考虑

图 5 – 1　典型产品开发程序中的各项设计工作

5.1　PSS 带来的顾客与企业之间的利益关系变化

研究命题 2：PSS 带来的顾客与企业之间的利益关系变化主要是什么？这些变化为顾客在经济上和心理上带来了哪些需求？

　　传统的顾客与产品提供方之间的商业逻辑关系在 PSS 中受到了

挑战。在传统的产品经济模式中，产品的价值实现发生在顾客购买产品的时刻，价值的高低取决于顾客愿意付出的金额。产品提供方是价值的提供者，顾客是价值的消耗者。提供方的利润中心与产品的销售相连接。而在 PSS 中提供方是功能的提供者，顾客成为功能的使用者。价值的实现过程起了变化，成为联结提供方与顾客的一条纽带，双方共同维系这条纽带，保证功能可以持续地从提供方流向顾客。利润中心与功能的提供相连接，利润的多寡取决于顾客购买了多少功能，持续了多长时间。

在传统的商业模式下，买卖双方的经济利益是有冲突的。因为在传统商业模式中，产品提供方致力于将产品推销出去，必然不断地向产品中添加顾客并不需要的新功能并努力吸引顾客购买，以获得竞争的优势。同时在顾客看不到的方面，如可靠性、内在质量等处，提供方又努力压缩成本以求产品总成本的降低。为了实现产品的销售，提供方尽可能地压低销售价格，努力提高消耗品和配件的使用量与价格，迫使顾客在使用阶段不断投入。顾客在购买时付出的金额与整个产品使用周期中所需投入的金额相比只占很小的一部分，甚至低到只占 35%。典型的例子是喷墨打印机，喷墨打印机产品价格很低，但使用中的消耗品如专用墨盒、专用纸张等的价格极其高昂。在使用中，如果顾客稍有疏忽，产品就会发生损坏，而顾客就必须为故障付出经济代价。

PSS 在一定程度上统一了提供方与顾客的利益，纾缓了产品提供方做出上述令人厌恶的行为的动机。在 PSS 应用中，提供方和顾客的关注焦点都离开了交易价格。产品只是配送功能的载体，提供方更加关注的是产品可以配送功能单位的数量，功能单位才是计价交易的标的。产品变成了企业资产的一部分，应该长期可靠运行，维护方便。顾客关心的是每个功能单位的价格及使用中的总花费。这种利益关系的改变引导提供方致力于提高产品的内在品质和降低产品在使用阶段的资源与经济消耗，注重提高产品的可靠性、可升级性、可回收再利用性。可见在 PSS 商业模式中，双方的经济利益冲突减少，趋于统一。

传统商业模式与 PSS 方式的特点比较见表 5-1。

表 5-1　传统商业模式与 PSS 方式的特点比较

传统商业模式	PSS 方式
销售新的产品	销售功能，故产品不一定是新的
产品所有权转移给顾客	产品所有权可保留在提供方
功能随产品一次销售给顾客	功能划分成单位销售给顾客，可以更新、升级、调整
销售合约仅控制产品转移的过程	销售合约延续到使用中，可以延期或中断
顾客在销售地点验证产品的性能是否符合预期	顾客在使用地点、服务环节验证产品的性能
固定的质保期限	质保期覆盖服务期
质保期过后，提供方没有提供服务的义务	提供方的服务义务覆盖服务期
顾客较多地考虑一次购买投入	顾客投入分散在使用期间
产品被顾客分别购买	提供方根据所有合约情况协调产品的数量与性能，提供给所有的签约顾客
顾客对产品生命周期中的总花费不清楚	顾客与提供方都清楚在服务周期中的花费与成本
材料流是线性的，从销售到废弃	刺激企业努力形成材料的循环利用

5.2　PSS 顾客的需求焦点

本质上，PSS 的顾客与其他产品的顾客没有什么不同，都是付出金钱，得到某种需求的满足，但是 PSS 的顾客面对的不是选购一种产品，而是选购一种产品与服务的融合体。这种融合体应能够提供完全替代原有产品的功能，如果能够提供优于传统产品的功能就更好。这里的功能"好"是相对的，更多的是"性价比"更高的要求。

在产品与服务的融合方面，有些行业一直存在"租赁"和"租售"的销售方式，只不过这种方式没有过多地考虑可持续发展的因素，同时也没有把持续的服务看作吸引顾客购买产品的重要手段。作为可持续设计的组成部分，PSS 设计应吸收"租赁"与"租售"经营模式中的经验，融入可持续发展的要求，特别是将服务作为系统创新的重点，使顾客满意。

5.2.1　PSS 顾客功能与经济需求分析

在功能方面，设计分析的主要任务是将产品或系统的功能、使用方式、使用流程分析清晰，找出顾客对特定功能的最本质的需要，在后续的设计过程中寻找更好的满足这种需要的方式。在 PSS 设计方面，产品与服务的结合带来的创新是最重要的特点。

产品与服务结合，可以产生的创新功能主要有以下两个方面。

第一，产品与服务结合，使得需要专业训练后才可以进行的高端应用得以实现。在传统的产品设计中，必须考虑顾客的知识与经验，将产品设计得易于使用，尽可能使顾客不需要学习就能使用。这就对一些产品的使用效率和使用方法做出了限制，有时甚至必须以牺牲效率和经济性为代价。在 PSS 中，由于服务人员是受过专业训练的，在产品的易用性与功能的平衡方面可以有更为宽松的尺度，所以，可以将一些专业级的功能加入系统中来。

第二，产品与服务结合，可以实现高端产品的"合用"与"分享"的使用方式。通过"合用"与"分享"，降低顾客得到功能的成本，使得高端产品的市场扩大。扩大的市场又能带来产品成本的降低。

在面对 PSS 的时候，顾客面临一个重大的变化，即"付出了金钱，但产品并不属于我"。这个改变必须有同样巨大的动机才能被克服。这些动机可能有以下几个方面。

第一，需要专门的技能才能正确或高效率使用的功能。很多产品需要专门的知识和技能才能够正常运行或达到良好的效果。如上节谈到的集中空调机组的运行与维护，还有家庭中或写字楼中的花园设计与养植、花卉租摆、水族箱租摆等。由专家提供专业的照料，花卉植物和鱼儿都会生长得更好，同时降低不必要的肥料与杀虫剂的使用。除了一些园艺爱好者，大多数顾客既希望拥有美不胜收的花草和花园，又不愿或不能照顾它们。这样的顾客就是 PSS 潜在的市场。

在工业领域，有些产品需要油漆与镀涂以及热处理等专业工序。对于一些可以分离的零配件，此项工序由专业厂商提供，如电镀厂、喷涂厂、汽车座椅加工厂等。而有些工艺过程不能与产品生产流水线分离，此项工序多由产品制造厂自己承担，如汽车整车的油漆涂装工序就是由汽车制造厂自己建立涂装车间来完成的。PSS 的潜在运用领域之一就是向这些需要专门技术的领域渗透，如将汽车生产线中的涂装车间由专业的涂装供应方组建。PSS 提供方拥有先进的技术和环境控制技术，可以将生产成本和生产环节中的有毒有害物质排放降到最低。在农业领域，优良的种子、合理的肥料和作物管理技术也是 PSS 运用的潜在市场。

第二，为顾客定制的产品。这类产品是将新技术与服务相结合，实现批量化的定制服务。如随着喷墨打印技术的发展，现在已经可以在瓷砖、壁纸、纺织品上实现喷墨打印。作者参与的一个PSS设计项目就是尝试将设计服务与壁纸和瓷砖的生产相结合。由装饰公司、瓷砖制造商、壁纸制造商相结合组成PSS提供方，为室内装饰顾客提供独有的瓷砖和壁纸花型设计与生产，而且生产周期非常短，可以在半个月内将产品交到顾客手中。过去顾客只能从现有的产品中挑选，而PSS将个性和设计体验加入消费过程，可以为顾客提供独有的产品，而这个特点又成为室内设计师和装饰公司向顾客展现设计能力、吸引顾客、提供增值设计服务的一个机会。

第三，通过分享和联合使用，可以得到高端的产品与服务。有些产品比较昂贵，也不是每天都要使用，如果有了联合或分享使用的机制，就可以使本来因为价格问题而不能购买产品的顾客转而购买PSS。例如民用产品中的大型割草机。家中的草坪半个月需要修剪一次，庭院较大的家庭使用小型割草机可能需要三四个小时；而使用大型机动割草机只需半小时就能完成。又如工业产品中的很多实验设备在产品研发中使用频度不高，但又是必需的。如高频率高精度的示波器、高强度的标准干扰信号发生器等设备在网络通信产品的开发中是不可或缺的，但价格极其昂贵，小企业不可能买得起。通过设计合适的分享与联合使用机制，可以让更多的顾客使用这类高端的产品。

第四，具有较高"使用后价值"的产品。有些产品具有较高的"使用后价值"，例如婴儿车，设计使用寿命一般是 4～5 年，但一般家庭使用婴儿车的时间为 20 个月，所以婴儿车属于典型的"高使用后价值"的产品。类似的产品还有钢琴，很多家庭为孩子买了钢琴，几年后，孩子不学琴了，钢琴还基本是新的。这类产品的残值目前是通过二手市场体现的，但是很多顾客对于这类二手产品的品质、安全、卫生等方面存有戒心。在这些产品中可以找到发展

PSS 的机会，通过合理的服务机制，将二手市场不能体现出的规范、安全、卫生等价值体现出来，就形成了 PSS 的利润。

从文献研究中得知，在欧美国家，顾客接受 PSS 的主要障碍是对于 PSS 合约的成本、提供方责任、潜在风险等的不确定。一些顾客对产品生命周期成本缺乏认识，致使很难让他们认识到 PSS 方案在经济上的好处。[56]

综合以上分析，关于研究命题 2，有关顾客经济利益需求方面，可以得出结论：

顾客愿意用 PSS 替代产品必须在经济上获得较为明显的益处。特别是高品质、高效率、高技术含量的 PSS，可以使顾客不必一次投入大量的金钱和时间或人力，就可以得到高质量的需求满足，在与传统产品的竞争中具有较强的竞争力。

5.2.2 PSS 顾客心理与社会需求分析

从设计理论角度出发，设计主要通过产品语言系统在心理与社会特征方面对顾客施加影响。20 世纪 80 年代的产品语言功能研究表明，设计的重点在人与物的关系处理上，即设计知识集中在对顾客和物品的关系处理方面。从格罗斯图中可以清楚地看到，设计主要从以下三方面来影响顾客的心理与社会需求。

第一，产品语言的语法方面，这里主要是指产品的形式美。设计师运用造型色彩、表面肌理等形式语言塑造产品美的外观。这方面的设计工作是满足顾客作为产品的"观察者"对产品的心理需求。

第二，产品语言系统中的标识性内容。它主要是指设计师运用造型、色彩、材料、肌理及图形等手段将使用方式、使用流程、产品工作状态、产品可调节环节，以及产品的坚固性、稳定性、操控的精确性等顾客使用产品的方法提示或表达给顾客。这种标识性内容可以理解为产品实用功能的实现手段之一，是在技术与结构之外，由设计赋予产品的与顾客沟通、实现功能的能力。这方面的设计工作是满足顾客作为产品的"操作者"需求的重要组成部分。

第三，产品语言系统中的象征性内容。现代美学语意学派的理论认为，艺术是一门符号学，或者可以理解为一个象征的过程。[70]美国哲学家 Susanne Langer 将文化表达、语言、宗教礼仪和音乐形容成符号的生活传达。他将"标识"与"象征"的基本概念区分开来。认为标识是直接或无中介的符号，而象征则是间接或中介的符号。[71]这种区分对设计实践具有非常重要的意义。

标识显示出存在的事物、事件或者时间的状态。如湿漉的街道是下过雨的标识，空气中弥漫的烟味表明火的存在，疤痕是过去受过伤的标识，丧服表示有人去世。标识和其对象之间存在明确的逻辑关系。因此，标识是行动的提示，甚至是行动的要求者。

象征与标识不同。Langer 认为象征是思考的工具，它们代表着对象本身或超越其本身的事物。象征的概念包括体验、直觉、固有价值、文化标准等方面，具有代表性的特征。象征不是出于自然的逻辑关系，而是出自人类社会协定和传统，如风俗、习惯、文化等。[71]如在中国，红色象征喜庆、金色象征富贵，等等。Csikszent-mihalyi，Rochberg－Halton 在 1989 年对三代美国家庭 315 人的文化象征进行了研究。结论是：象征符号与对象之间的联系是基于习俗上的相似性，超过性质上和生理上的相似性。在文化传统的脉络下，象征的发展使人们能够将他们的行为模式与他们的祖先相比较，并预测新的体验。[59]

在实际设计工作中，处理象征功能是复杂的，不可能存在一本"形态意义辞典"，象征意义只能从产品所在的社会文化脉络中被阐释出来。也正因为如此，将产品象征功能做普遍有效表达是不可能的。

在形式美学方面，形式与内容这一对概念一直被用于指导作品在美学价值和物质本性上的表达与追求。在设计方面，产品的形式美学功能是指产品遵守独立内涵原则。只有当实际功能（产品符号标识功能）或社会语意（象征功能）被提出时，形式才能体现出自身的设计内涵。与其对照的是形式主义，也就是不加选择、任意地使用形式，不考虑任何内涵。[59] 在 PSS 设计中，应该根据具体设计项目的特点和目标顾客的具体情况分析他们的情感和环境氛围，确定项目的形式美学追求和标识与象征系统应具有的特点。其中形式美学和标识性的设计与常规产品设计和服务设计区别不大。

因为 PSS 中顾客与提供方的经济利益关系发生了较大的改变，顾客的心理与社会象征方面的需求必然也随之发生变化。在设计定位阶段对顾客进行细致的心理与社会需求分析，确定 PSS 应具有何种象征功能特点，是十分必要的。

心理方面，顾客首先重视的是付出了金钱，是否能够得到满意的功能。社会方面，大多数的中高端消费者愿意为可持续发展付出一定的经济代价和时间成本，但可持续产品和服务的提供方应该把自己的产品与服务的可持续性充分地向顾客传达，特别是 PSS 在资源消耗、能源消耗、产品的回收与废弃处理方面的优势，使顾客在获得功能的同时得到社会道德层面的满足。这里包含的因素主要有以下几种。

第一，从一次性高额付出转变为长期的小额付出，在经济上必须合算。PSS 的提供方应能够提供高品质的产品与服务，PSS 提供方在商业模式和销售模式设计以及广告宣传时应能让顾客清晰地知道选择 PSS 在经济上的优越性。

第二，PSS 的提供方必须可靠。从一次投入变成长期采用 PSS，顾客面临长期风险。直接的风险来自提供方是否诚实守信，是否具备足够的经济实力可以长期提供服务。提供方的企业形象和产品服务形象应该给顾客留下诚实、守信、可靠、长期服务等印象。

第三，市场环境会不断发生变化，这也是顾客面临的长期风险的一部分。目前质高价昂的产品在将来是否会降价?

第四，PSS 的服务使得提供方可以"登堂入室"。对于家庭顾客，会有隐私与安全的顾虑;对于企业顾客，会有企业应用中数据或相关技术外泄的担忧，以及保留自己拥有的重要技能的愿望。例如，涂装工艺对于有些历史悠久、具备涂装核心能力的大型汽车制造商来说是其企业核心竞争力的重要组成部分，这些企业就不愿意将这部分业务向 PSS 供应商开放。[55]这些在设计中都应该重视，并采取手段避免。PSS 方案在经济上如果具有较强的吸引力有助于问题的解决。

第五，PSS 的潜在顾客要求得到高品质功能，所以在设计决策中应该明确地将高品质作为设计目标，传达给顾客。PSS 的商业模式设计、服务模式设计、企业形象设计都应该体现专业、可靠、高品质的特点。从服务设计的角度看，每一次与顾客的接触与交流都是销售成败的关键。

第六，在某些领域，PSS 还面临传统中的"自己的事情自己动手做"的观念障碍。这一点在欧美发达国家表现得更为突出，由于人力成本高企，国外许多企业几十年来养成了自己动手的传统。在中国文化中，"勤俭，自律，自力更生"的价值观影响深远。但是从社会发展趋势观察，近 20 年来，由于都市生活竞争激烈，工作压力大、收入较高、对产品品质要求也较高的 PSS 潜在顾客，是愿意接受高品质的服务的，而中国现阶段人力成本较低，正是 PSS 发展的较好时机。

第七，与一般产品设计中的情况类似，PSS 的顾客还有社会象征性的需求。顾客是产品的拥有者，产品在一个侧面、一定程度上反映出其主人的社会特征。在 PSS 设计中，体现社会象征的不仅是产品的形态，更多的社会象征意义将在服务系统中表现出来。服务方式，服务流程，服务界面、服务人员的仪表、谈吐、专业水平都不仅代表了 PSS 提供方的企业形象，也反映了顾客的社会形象。在

PSS 设计中，要准确地分析潜在顾客的社会形象要求，将提供方的企业形象和服务系统的行为与视觉形象按照顾客的要求统一起来。

以上第一至第四点主要是顾客的心理需求，第五至第七点主要是社会象征方面的需求。

综合以上分析，关于研究命题 2 的有关顾客心理方面，可以得出结论：

在 PSS 设计中，应以高品质、环境友好、专业服务、可靠守信、可持续发展作为社会诉求和心理诉求的目标。

5.3　PSS 提供方的兴趣

研究命题 3：PSS 设计定位在企业需求方面与传统产品设计定位区别较大的因素有以下三点：

设计中应以产品服务系统的可持续性提高作为关注点。

产品与服务方式的创新是设计中的主要手段。

参与方的管理和利益保证在 PSS 设计中至关重要。

另外，企业社会责任的传达设计也是 PSS 设计工作的重要环节。

设计定位中要考虑的企业自身的条件非常多，涉及从企业战略到企业技术特点的方方面面。这里重点探讨建立 PSS 时与传统产品设计定位时较有差别的特征。

正如本书 2.4 节所论述的，企业转向 PSS 业务属于企业战略层面上的重大改变。这种改变的驱动力有来自外部的和企业自身的。

来自企业外部的驱动力主要是社会驱动和市场驱动。

一是社会驱动。社会大众对可持续发展的知识越来越了解，进一步促使政府制定越来越严格的相关法规，并形成了一种强迫性的动力使企业不断增强对环境与质量的关注。对于企业提供的服务和将企业对产品的责任延伸到回收和废弃阶段的社会呼声与压力也越来越大。例如，社会要求化工企业对其产品的使用和回收管理负起责任，化工企业就普遍开展了化工产品管理服务，有时还将这种服务外包给专业公司。企业的利益攸关者也不断提高对可持续发展的需求，并将这种需求转化为对企业的压力。

二是市场驱动。市场驱动强度随着产业的不同而变化。在成熟的工业领域，发展水平相近和技术标准化造成的产品同质化问题比较明显。产品同质化又造成新一轮的价格竞争和利润下降。所以，企业急切地希望在提高产品的质量、提高操作效率、改进生产环节之外，能够找到为顾客带来附加价值的途径。在交付这些附加价值的时候，如果能建立和促进与顾客的直接交流就更好。还有些公司在耐用品市场上关注着接手经营二手产品的商业机会。这些都可以看作竞争带来的动力，迫使企业寻找改进的机会。

在企业层面上，资源管理、风险控制和改善环境被看作首要的内部驱动力，这三种目标最终都归结于减少成本。减少资源消耗、按功能管理的方式进行采购、减少负债等企业的这些需求转化为对本企业非核心业务的外包及功能化采购的商业机会。[52]研究表明，通过提供服务来延长产品的使用寿命、降低顾客成本的战略是广受欢迎的。[53]在初期，改善环境因素是大多企业对外部压力的反应，但很多企业现在已经把改善环境因素看作企业的内部因素了，因为实践表明，为改善环境因素所做的努力往往直接起到了降低成本的效果。[46]企业非常希望得到专业的有毒有害废料处理服务以控制风险，所以风险控制也是 PSS 商业机会的一个重要驱动因素。很多企业认为 PSS 和功能化采购使得采购成本清晰，有利于长期计划。

从设计定位产生设计目标清单的目的出发，我们可以从公司运行 PSS、进入市场并长期经营、不断发展的角度研究 PSS 应该具备的设计特征。

5.3.1 关注产品服务系统可持续性的提高

PSS 改变了提供方与顾客之间的利益关系,产品不再是提供方价值实现的载体,而是价值实现的工具。产品成为提供方的生产资料,这就使产品设计从"为顾客设计"变成了"为自己设计",设计目标应该从"吸引顾客购买"转变成"吸引顾客使用"或者"吸引顾客让我们帮助他使用"。

要实现这样的设计目的,在设计定位中引发了三个比较重要的改变。要将设计重点从增加各种附加功能、增加卖点、吸引顾客购买转向注重实用功能、注重改善生命周期中使用阶段和寿命末端的环境影响与经济性。

第一,改变产品不断附加不实用的功能的倾向,将节省下来的成本转入有利于产品长期高可靠和高效率使用的方面。原来为了吸引顾客,设计中总是要考虑如何增加吸引顾客购买的功能,实际上很多顾客在购买之后几乎从不使用这些功能。典型的如录像机的"定时录像"功能,但是这种增加花哨功能的倾向又通过同行的竞争,不断被强化。在 PSS 中,这种倾向已经没有存在的必要。顾客关心的是产品是否能够达到 PSS 提供方宣称的高技术、高质量与高效率,而不是使用中的多功能。在产品设计中应强调的重点是产品的先进技术特征、高效率与高可靠的内在品质及其外在形态表现。为了更好地表现产品的高可靠与专业化,PSS 在产品线规划方面有将产品功能从一个产品具备多种功能重新划分为多个单一功能的产品形成家族组合的倾向。

第二,在使用阶段,重点应改善 PSS 的可靠性,延长产品使用寿命,提高产品运行的能源效率,降低有毒有害物质的使用、产生与排放,改善产品运行阶段的维护维修性能,降低维护维修的频率与成本。

第三，在产品生命周期的末端充分考虑主要部件回收再利用的可能性与方式。提高产品的生命末端价值，以降低提供方的综合成本，并尽可能降低废弃部分的环境影响。

以提高 PSS 的环境影响因子为关注点，降低提供方成本与企业逐利的根本动机相一致。降低资源消耗、提升效率、加强回收再利用的力度将最终导致企业成本的降低和在政策环境、市场导向方面的竞争优势，从而有利于企业取得经济上的可持续性。

在顾客的社会象征方面，随着可持续发展的教育与行动引导不断推进，顾客已经将低碳生活方式、环境友好等要求作为购买时的一种考虑因素；将购买行为与其生活态度、社会责任感等方面加以联系的趋势已经较为明显。因此，以提高 PSS 的环境影响因子为设计关注点对于顾客的影响是较为正面且效果明显的。

5.3.2　服务方式的创新设计

服务与产品的结合方式，决定了 PSS 销售功能的方式，而服务方面的核心价值又在很大程度上影响了 PSS 被顾客接受的可能性。如在中央空调 PSS 中，服务的核心价值体现在保障空调系统高效率的运行方面。由技术水平高的专业人员向顾客提供专业运行服务是该系统服务方面的核心价值。在这个 PSS 系统中，高效率的空调机组价格比一般空调机组要高出 20%～30%，但高效率产品加高水平服务的综合经济性对顾客具有足够的吸引力。服务与产品结合产生创新价值的方式随着具体项目的不同而多种多样。大致可以分为以下几类进行研讨。

第一类，随着产品或产品系统的升级，需要专业人员控制运行与维护，才能发挥其高质量、高效率、节约成本和资源的特征。这种升级带来的服务核心价值较易为顾客接受。中央空调的 PSS 如此，高级的实验仪器设备租用 PSS 也是如此。未来随着节约资源降低成本的要求越来越高，对系统进行精细化的运行管控是必然趋势，在这方面提升服务价值有着巨大的发展空间。在设计中，应该将这种趋势视为 PSS 中提升服务核心价值的重要手段加以运用，在设计定位中有意识地强化这种趋势。

挖掘 PSS 中专业服务的价值，通过建立高低分层的服务体系，将初级与高级技术服务分开，达到既节约成本又能对顾客进行快速反馈的目的，同时使高水平服务的经济价值得以体现。如英语教学 PSS 中将教师分为若干"星级"，不同水平的教师面授服务的学费有所不同。值得注意的是，不应在没有必要的情况下生硬地强化这种需要，引起资源浪费和成本增加，同时引起顾客的反感。

第二类，提升服务核心价值的另一类型是以服务串联起顾客，形成共享高价值、高技术产品或偶尔使用的产品的网络。在这种 PSS 架构中，服务成为 PSS 运行的核心，没有服务平台，这种共享式的 PSS 就无法实现。租车业就是这样的典型。影视剧拍摄，大型文艺晚会的灯光、服装租赁等 PSS 项目也是类似的。这里就使设计团队面临一种挑战，即服务平台是 PSS 的运行核心，是 PSS 商业运作的根本，但如何将其设计成为顾客体验的核心，使顾客愿意采用呢？首先，将服务体验设计得完美，使顾客可以顺畅愉快地享受高质量的服务与产品。其次是拓展服务的外延，除了简单的共享与租赁以外，还可以在服务内容上拓展增值的环节。中国影视剧拍摄量每年超过万部（集），大型文艺晚会超千台，而没有那么多熟悉古今中外各民族各历史时期服装特点的专业服装设计师，也没有那么多高水平的灯光效果设计师。将服装和灯光顾问与设计业务引入影视服装租赁 PSS 中，顾客不仅可以租用服装与灯光，还可以获得服装的历史与文化顾问、服装设计与制作、灯光效果设计与调控等服务，顾客可以享受到一站式的产品与服务，自然愿意将更多的工作内容外包给 PSS 提供方。

在服务与产品结合的创新方式中，要注意基础设施进步，特别是信息通信技术进步所带来的创新可能性。近 20 年来基础设施最大的变化与进步就在信息通信技术方面，运用网络通信技术实现实时的服务既能提高服务的及时性和有效性，又能降低服务成本。如上述中央空调的专业运行服务就是运用网络技术，实现了远方自动控制运行，在实践中极大地提高了服务的效率和质量，降低了成本。在网络英语学习 PSS 项目中，也是充分运用网络通信技术的优势，将教学服务、教学质量控制、家长参与等方面整合在一起，形成服务上的核心价值。

网络通信技术基础设施的发展，使得从顾客端到服务者的信息流传递变得迅速而便宜。实时可靠的信息传递使得服务从传统的"有事时顾客找服务"变成"服务始终存在，甚至顾客不需要知道"，服务可以进行得更加准确与及时。

网络通信技术的另一个特点是可持续性好。运用网络通信技术可以大大减少服务人员的数量和运输量，实时性好的特点又能保证系统始终在高效率的状态下运行，同时还可以减少服务人员"登堂入室"的频率，符合顾客保有隐私的需要。

对于某些农业类的产品与服务结合的 PSS，如农业生产中的种子、肥料、饲料提供与服务相结合的 PSS，服务的重点在于对顾客的具体土地或养殖场在生产中遇到的具体情况加以分析并提出处置建议。中国人多地少，农户文化知识水平不高，且多是小农户耕作，服务工作量是非常巨大的。利用各种传感器收集必需的温度、湿度、光照等生长条件，通过无线短信平台发回服务中心进行分析并给出建议，运用计算机专家系统自动发出调节指令，在成本上是非常合算的。

5.3.3 合理设计对参与方的管理和利益保证

因为 PSS 是向顾客出售功能的，所以不断地接触顾客进行服务成为PSS商业模式区别于传统商业模式的一个重要特征。传统的产品开发制造商在商业体系中的核心地位发生了很大的变化，在PSS中占主导地位的不一定是产品的开发制造商。作者认为，应该把PSS中构建体系、控制体系顺畅运行、对顾客承担最终责任、处于功能提供者核心地位的组织者称为PSS的核心提供方，而把围绕核心提供方共同工作、共同组成PSS的其他参与者称为参与者网络。这是PSS与传统产品的另一个很大的不同。

在PSS中，提供方不仅有产品的制造方或PSS的核心提供方，往往还要吸收社会上其他的企业或组织参与进来，在体系内共同为顾客提供功能。所以，在PSS设计时要对参与方的职责、技能水平、参与方式、利益保证进行精心的设计与策划。

参与者在PSS中的角色多种多样，有为体系生产产品的、有从事维修维护服务的、有从事功能服务的、有专业的网络与电话接待中心，等等。很多参与者从事的工作在传统产业模式中也大量存在，这里不做探讨。研究的重点应放在PSS中直接为顾客提供功能服务的参与者，例如网络英语学习PSS中的学校。在PSS中引入直接向顾客提供功能的参与者的原因一般是顾客数量众多、分布面广、服务人员众多、不易进行有效的集中管理等，引入第三方对服务进行组织、对服务人员进行有效的管理成为必然的选择。有时，PSS的建设方在企业核心竞争力发展的方向上有所倾向，认为面向顾客的服务并不是其核心竞争力的发展方向，所以引入第三方进行功能服务。

在网络英语学习PSS中，引入了"学校"这个参与者。PSS的建设方投资开发英语教材、开发教学管理网络平台，他们认为英语教学是学校和教师的核心竞争力，而将教材与教学管理网络平台开发好，让教师与学生通过它们学好英语才是企业的核心竞争力与投资保值增值的手段，不愿意也不认为自己可以管理一个遍及全国的英语教师队伍。因此，在设计中引入"学校"作为参与方，对教师与教学进行管理。学校可大可小，小到一个人，本人就是合格的英语教师，愿意自己经营一个学校，利用这个教材与教学体系开展教学；大到拥有几十人甚至上百人的教育机构。这里的参与者参与的方式当然需要设计。[72]

提供功能服务的参与者直接面对顾客，他们的工作在很大程度上决定了 PSS 提供的功能的质量，所以对参与方的管控是必不可少的。这种管控的关键在于 PSS 设计时将参与者的功能责任与技能再划分合理，这种合理性随着 PSS 的具体内容而变化，有以下两种方式。

一种方式是参与者直接向顾客提供功能，对参与者的服务和技术水平要求较高，参与者的技术技能与服务态度直接影响功能质量。

网络英语学习 PSS 中的参与方就属于这一类。英语教学的教师当然直接影响教学质量。在这个具体案例中，教师的教学水平和其运用教材的能力决定了顾客是否愿意接受 PSS 的服务。传统的教材产品只是出版一套教材，为了解决教师对教材的正确理解与运用的问题，不外乎两种办法：一是组织教师学习，二是出版配套的教师用书，对教师进行指导，但教师在教学中是否正确地运用了教材，教材的作者是无从知晓的，也没有能力进行干预。所以对于教材作者来说，教学效果处于完全失控的状态，这种情况在 PSS 中当然是无法容忍的。解决的办法除了传统的教师培训和出版配套的教学参考资料外，更重要的是在 PSS 设计中和教材设计中建立管控环节，让"学校"这个重要的参与方可以更加有效地对教师的教和学员的学进行管控，从体系结构上解决这类问题。首先，在教材上设置教学互动环节，关键的教学程序由多媒体教材规定好执行的时机与练习的强度。其次，在教学管理平台上设置学生自学的关键环节以及教师面授关键环节的记录功能，自动记录关键环节的教学情况，并自动上传到管理平台上备查。这样，作为参与方的学校和教师就可以充分发挥教材的优势取得良好的教学效果。作为参与方的学校受益于管理平台提供的管理工具，可以非常方便地进行教师排课等日常教学工作，同时也可以高效率地对教师的工作进行考核，处理学生和家长的投诉。从实践的效果看，基本达到了促使教师和学员按照教材编写者的初衷进行学习，摆脱传统的中国式英语教学模式的弊端的效果。同时，对于作为参与方的学校和教师也进行了有效的管控，保证教学质量。在利益划分方面，由总部按学员购买的教学单元数量与参与方分成，保证参与方的利益。[72]

另一种方式是参与方在 PSS 中作为向顾客提供功能的窗口。对参与方的技术能力要求不高，但需要参与方积极参与销售和服务活动，系统才能正常运转。

在分享型和租赁型的 PSS 中，核心提供方主要的任务是提供产品。在顾客消费功能时，与顾客打交道的服务提供者主要负责一些辅助性的服务内容，但销售工作量很大。如高技术仪表租赁与分享 PSS、婴幼儿用品翻新再利用 PSS 等就属于这种类型。这种 PSS 的服务质量主要由产品的特性决定，但由于顾客分布广泛而分散，销售信息的宣传要非常有针对性、专业化，仅靠媒体广告和网站宣传无法打动顾客。在这样的 PSS 中，需要引入销售服务参与方对潜在顾客进行有针对性的宣传和执行后续的服务。参与方经过培训后，应能熟练地掌握服务所需的技能或技术，积极主动地开展促销活动。在 PSS 设计时，应建立方便参与方工作的信息管理平台，使参与方得到系统强有力的后方支持，同时，核心提供方也能通过管理平台及时准确地获得顾客信息与反馈，保证服务质量。对于参与方的经济利益则应以销售业绩和顾客反馈为依据，促使参与方提高销售业绩和服务质量。

在 PSS 设计中应该将参与方的服务内容简单化，降低运行成本，应该尽可能地运用网络通信技术，将最重要的日常运行调度功能集中管理，减少服务工作量，降低系统对参与者的技术要求，间接地减少参与方的成本。

典型的例子就是中央空调 PSS。该体系架构中，在顾客集中的主要中心城市设立运行服务中心，负责该城市所有设备的运行与维护。由于充分运用互联网信息传送的优势，空调系统的运行调整工作量也不是非常大，很多工作都事先设置了专家系统程序，根据设备实时传回运行中心的数据自动进行运行决策，所以一个运行服务中心完全有能力保障多个顾客的设备运行。运行服务中心主要的日常工作量是处理设备故障和利用换季的时间对设备进行保养，对于大型城市中实力较强的运行服务中心，还可以赋予其销售的职责。这样，参与方与核心提供方之间的责任非常明确，经济上也能够明确地划分利益，从而充分调动起参与方的积极性。

参与方进入 PSS 是由于 PSS 向顾客提供功能的客观需要。在体系设计时，必须清晰地分析核心提供方的优劣势，明确系统的哪一部分工作是核心提供方短缺的，必须引入参与方才能实现。这样，在引入参与方的时候就能明确目的、明确任务、明确责任、明确利益划分的方式，实现体系的目标。

5.3.4 企业社会责任的传达设计是 PSS 设计工作的重要环节

在可持续设计思想中，企业社会责任的策划与传达是可持续设计工作的重要环节。企业社会责任是指企业在关心利润的同时，并没有忽视企业应该担负的社会责任。主要包括：①原材料产地的生态保护。②原材料产地社区居民的生存环境与福利。③企业员工的劳动保护与福利。④企业产品的可持续性、环境影响。⑤产品使用环节的环境影响。⑥产品生命周期末端的环境影响。⑦企业在这些方面工作的合乎规范程度。

企业社会责任的策划与传达设计工作就是在企业设计策略中将

企业在上述各方面所做的工作运用各种设计手段可靠地、合理地传达给公众。这方面的工作具有几方面的重要意义。

第一，让顾客清晰地了解企业所尽的社会责任有利于顾客在成本与利润方面对公司的产品与服务进行公允的价值判断，更愿意采用企业的产品或服务。对于商业顾客，他们自身也有改善其产品或服务的可持续性的要求，愿意采购可持续性好的产品与服务。对于一般消费者，购买一个善尽社会义务的公司所提供的产品或服务不仅具有道德方面的驱动力，同时也是表现自身良好价值观的象征行为。

第二，企业向公众展现良好的企业社会责任形象有利于吸引投资。目前，越来越多的投资方重视投资对象的环境风险和政策风险控制。典型的例子是新能源项目只要能够充分说明自身的经济性就容易获得投资，而海上石油开采、火力发电等传统能源项目的环境评审就要经历漫长过程。

第三，良好的企业社会责任形象是企业形象的重要组成部分。企业形象将企业的核心竞争力与企业产品重要的品质传递给顾客。良好的企业形象又是促使顾客购买企业产品或服务的重要动机。

PSS 在市场上参与竞争，必须从各个方面打动顾客。良好的企业形象、优良的可持续性设计、尽责的企业理念都会使顾客对企业提供的功能服务建立信心。通过对样本企业的研究发现，企业社会责任的关注焦点不仅是顾客，还有潜在的投资方、融资方以及政府相关部门。随着可持续发展思想的逐渐深入人心，潜在的投资方和融资方如投资银行和商业银行在评估投融资项目时都已将项目的环境风险和政策风险列入评估内容。良好的企业社会责任形象有助于企业协调与投融资方和政府的关系，对于企业自身的可持续发展具有重要的意义。

5.4　小结

在 PSS 的设计定位阶段要通过分析，解决整个体系的销售方式、顾客定位、顾客维系、功能提供、产品与服务的功能划分、参与方的管理方式、与参与方的经济关系以及 PSS 的形象与社会责任定位等重要问题。这对于设计团队来说，是一个充满机遇与挑战的过程。

从这一章的分析中可以看出，PSS 的设计定位与传统产品的设计定位过程相比，要复杂一些。特别是在牵涉到体系架构、服务和参与方管理等相关内容方面，设计团队不仅要进行分析研究、拿出解决方案，还需要企业的决策层和财务部门共同工作，才能最终决定。

每一个 PSS 的具体情况不同，必然导致不同的设计定位结果和不同的设计策略。例如网络英语教学 PSS 的投资方认为，他们投资的核心价值是一套网络英语教材，他们对教师与学员的招募与管理既不擅长，也无兴趣。[72] "我们投资的就是一套英语教材，我们的一切工作和设计都围绕着让这套教材保值增值。" "招生和招募合格的英语教师是学校的事，是他们的核心能力。我们只要为学校提供一套操作平台，使他们的教师管理和学生管理工作能够有利于教材的推广使用就可以了。" 项目投资总监这样说。在设计定位阶段，设计团队的任务是帮助投资方明确 PSS 的建设目标，并使用设计手段将其实现。

对于设计团队的挑战主要集中在理论缺乏和实践经验缺乏这两个方面。从理论方面看，将产品设计、服务设计、顾客体验等方面如何结合，产生创新缺乏有效的理论指导。作者在参与的几个 PSS

设计工作项目中，进行了大量的文献检索工作，但没有找到从设计理论的角度研究 PSS 设计理论与方法的文献。这也是促使作者选择这个研究方向的原因之一。由于 PSS 是新的可持续发展的商业概念，实践经验缺乏也是必然的，目前在市场上能够找到的 PSS 商业实例也很少。

在 PSS 设计定位过程中，设计团队的创新手段比设计传统产品时丰富了，这主要体现在设计的范围扩展上，因为 PSS 将提供方与顾客之间的互动关系从商品挑选与购买阶段延伸到了功能提供和产品使用阶段，甚至延伸到了产品生命周期的末端。设计师可以通过对外延部分进行设计与创新，使 PSS 更好地为顾客服务，使项目获得成功。

同时，PSS 设计的内涵比传统产品设计时要更加丰富。由于服务和参与方的加入，设计师可以对更多的环节进行创新。在产品与服务相结合、核心提供方与参与方相结合这两个环节，必然可以产生很多创新点。这种创新环节的存在正是 PSS 的优势和可持续发展的优势所在，也正是设计师创新工作的重点。

关于涉及本章的两个研究命题，通过以上分析，我们可以得出以下结论：

研究命题 2：PSS 带来的顾客与企业之间的利益关系变化主要是什么？这些变化为顾客在经济上和心理上带来了哪些需求？

结论：

在经济利益方面，顾客愿意用 PSS 替代产品必须在经济上获得较为明显的益处。特别是高品质、高效率、高技术含量的 PSS，可以使顾客不必一次投入大量的金钱和时间或人力，就可以得到高质量的需求满足，在与传统产品的竞争中具有较强的竞争力。

在 PSS 设计中顾客的社会诉求和心理诉求目标，应以高品质、环境友好、专业服务、可靠守信、可持续发展作为要点。

研究命题 3：PSS 设计定位在企业需求方面与传统产品设计定

位区别较大的因素有以下三点：

设计中应以产品服务系统的可持续性提高作为关注点。

产品与服务方式的创新是设计中的主要手段。

参与方的管理和利益保证在 PSS 设计中至关重要。

结论：上述三点是企业建设 PSS 战略目标在具体设计工作中的体现，实现这三个要求，有助于 PSS 项目以及企业自身的可持续发展。

06

第6章
PSS设计团队与
决策特点

可持续导向的产品－服务系统设计

研究命题 4：高层管理者的积极参与和推动是 PSS 设计不可缺少的环节。

研究命题 5："可持续设计先锋"在 PSS 设计工作中的作用与地位。

研究命题 6：决定进行 PSS 设计的时间点必须在项目酝酿阶段。

本章研究 PSS 设计实施中的一些特点。一般说来，设计方法包括设计团队的组成、项目选择、项目可行性的评估、项目计划、公司战略、项目动机和目标分析。[69]本研究将重点分析 PSS 设计团队的人员构成特点，以及设计决策过程，也就是决策时点应该在何时和决策者应该是谁。这几方面的问题在一般工业设计项目中都早已不是问题，因为从企业到设计团队都有丰富的经验可循。从作者参与的具体设计案例和调研的情况看，因为 PSS 设计是新生事物，企业和设计团队都缺乏经验，这几方面的问题在 PSS 设计案例中对项目进展的顺利与否影响较大。

至于 PSS 设计过程中应用的具体设计方法、设计工具等有三种情况。第一种属于工业设计常用的方法与工具，在 PSS 设计中也大量采用，第二种是服务设计中常用的工具与方法，第三种是可持续设计中常用的工具。这三种工具与方法都有相关的文献报道和专门的研究，在本书中不做具体的研究。

因为 PSS 是一个整体，提供方对产品拥有很大的控制权和责任。同时由于信息通信技术的发展，企业在服务模式与服务流程设计上又具有很大的灵活性，所以在产品设计方面如何将 PSS 系统的功能要求与产品自身的设计要求相统一，找到最适合市场与用户需要，又符合可持续发展要求的产品解决方案是设计师面临的新问题。这方面的设计方法与工具的研究与发展应该是今后研究工作的重点之一。

6.1 研究方法

本章对 PSS 设计团队与决策特点的研究是围绕先导性研究提出的三个研究命题，基于作者本人参与的三个 PSS 项目的设计实践，以及对另外四个正在实施 PSS 项目或可持续的企业的设计团队的访谈与调研进行，同时也研究了相关的国外文献。PSS 设计固然有其特殊性，但依然是产品开发工作。总的来说，它依然遵从开发设计工作的一般规律。本研究以现有设计管理理论为基础进行。在以下的研究中，重点将 PSS 设计与一般工业设计项目的不同之处和原因描述清晰。本着发现—假设—论证的方式进行研究，找出规律性。

PSS 设计方法研究样本项目情况见表 6-1。

表 6-1　PSS 设计方法研究样本项目情况

编号	项目内容	项目实施情况	研究方式
1	公共建筑中央空调 PSS	已实施	调研访谈
2	网络英语学习 PSS	已实施	参与设计
3	影视剧拍摄摄影器材、录音器材、灯光、服装 PSS	已实施	调研访谈
4	中小型超市可持续竞争策略研究	已实施	参与研究
5	用电设施谐波治理设备 PSS	设计中	参与设计
6	工业交换机可持续设计	设计中	参与设计
7	智能电网试验研究设备 PSS	设计中	调研访谈

在参与设计决策的同时，作者有意识地对设计团队中的不同成员进行了调研和访谈。访谈的目的是针对 PSS 设计和可持续设计中关于团队建构、领导者决心、常用设计工具、设计方法选择、设计流程的特点等方面，目的是将作者参与 PSS 设计案例时发现和体会

到的关于 PSS 设计中有关设计团队与决策的一些特殊性问题特别是先导性研究命题加以确认与证实。

下文中引号中的内容都是引用访谈对象的表述。

6.2　PSS 设计团队的组成特点

从最基础的层面来看，产品设计有两个重要的方面：致力于满足某种需求的创意以及这个创意产品的实现，前者说的是设计过程，后者则基本上是指制造过程。[69] 因为产品正变得越来越复杂，使用者也越来越多样化，设计与制造的分工就不可避免地出现了。设计与制造两个领域虽然同源，但一旦分离，各自就开始表现出不同的行业特点。有关制造的知识不再是设计的核心，在今天，真正有价值的产品必须包含创意和制造两方面的知识。

这就决定了产品开发需要集体的智慧。一个有效的设计团队必须以创造性的交流与分享为基础。如何组织专业人士成为一个有效的开发团队呢？主要的课题又根据什么划分一个小组，小组中又需要什么样的角色来体现和整合不同的专业呢？如何对待多样化的个性特点？从一个创意到最终产品的过程中团队的工作方式应该是怎样的？这些都是设计管理中设计团队建设面临的问题。本书重点研究 PSS 开发中的团队建设的特殊性。通过先导性研究，形成了以下两个研究命题。

研究命题 4：高层管理者的积极参与和推动是 PSS 设计不可缺少的环节。

研究命题 5："可持续设计先锋"在 PSS 设计工作中的作用与地位。

6.2.1　设计团队的构成与结构

与所有的设计团队一样，PSS 设计团队同样需要遵循 PRIDE 原则，即 purpose（目标），respect（尊重），individual（独特性），discussion（讨论）和 excellence（杰出）。[69]

第一，所有的团队成员都应了解共同的目标。因此，设计任务书的框架初步形成之后，就应发给每个成员并共同讨论，当设计任务书的细节不断成形，设计定位工作就已经顺畅地进行了。就这样，在完成设计定位的同时，设计团队的任务与目的也就清晰地呈现在每一个团队成员的面前了。

第二，所有成员应努力在相互尊重、信任与支持的基础上工作。否则团队成员彼此不协调或在一个头脑下工作，容易造成创新能力的下降和效率降低。

第三，优秀的设计团队应该尊重并有效利用团队成员的个体差异，加强团队的创造力与想象力。

第四，设计团队应进行开放式的、诚恳的讨论。产品开发是动态的过程，不断地沟通可以避免不必要的重复工作。团队成员需要接受领导的权威，必要时应接受领导的决定以利于设计目标的达成。同时，领导者有责任保证每个人都参与到关键的决定中来，不能使某个成员感到被排除在外。

第五，团队应力争杰出，每个人都努力做到最好，并帮助同伴取得最好的成果。

每个研发团队都需要有一些特定的专业人士。在典型的 PSS 开发团队中，应该包括管理、市场、制造、机械工程、电子工程、软件工程、工业设计、服务设计、可持续设计顾问、材料、供应、质量控制和财务金融等方面人员。

团队成员在团队中的角色各有不同，在设计管理研究中，运用了很多心理学和管理学方面的研究成果。常见的团队成员角色划分有以下两种。

（1）按照头衔和简短的特征来划分。[73]将团队成员分为以下几种类型。

管理者/评审者：监督项目进展，准确评判工作成果。依据企业战略，将成果与战略目标进行比较。

提出并解决问题者/监督者：弥补缺陷并解决影响进展的困难。

生产者/测试工程师：使工作取得成果，推动性能改进，促使事情发生。

项目经理/合伙人：监督并领导具体工作，具备一定的洞察力，强调工作效率，节约时间。

保守者/批判者：维护团队和项目的既定目标，强调美学和社会道德。

促进者/调查者：检验团队目标，了解事实及原因。

和解者/执行者：察觉并维护团队内部的人际关系。

模型制作者：制作并测试模型。

工业设计师：设想使用方式和产品造型。

策略制定者：思考并规划项目及产品的前景。

需求搜寻人员：评估人因工程和消费者相关事宜。

企业家/推动者：关注新产品和新方法以及灵感、动机等。

外交家/发言人：协调团队、客户和消费者间的关系。

模拟者/理论家：试图了解现象，分析性能与效率。

创新者：整合新产品，改进解决方案。

指挥者/立项人：设立时间界限，打破瓶颈。

（2）心理学家Belbin提出另一种不按学科分类的方法，认为不考虑专业，一个设计团队有以下九种不同的行为要求：[74]

组织者：一个可信赖的人，领导设计程序的实际工作。

引导者：一个自信的人，负责设计团队的日程和目标的制订。

推动者：一个有活力的人，促使团队更快地工作。

士兵：一个富于创造力的人，主要提出解决方案。

收集者：一个性格外向的人，负责收集信息及与团队以外的人沟通。

倾听者：一个有洞察力的人，理解与整合他人的创意。

完成者：一个自觉的人，消除设计中最后的缺陷。

专家：一个专注的人，具有某一领域的丰富知识。

评估者：一个能进行战略性思考的人，能全面考虑不同的解决方案。

无论采用哪一种分类方法，目的都是确保团队成员在整个项目进行中能够积极和负责地扮演起这些角色，保证团队的日程进度和开发质量。

依据项目大小和复杂程度的不同，将团队划分成不同的小组，小组之间的结构对开发工作的影响同样重大。随着生产的发展，在大批量生产的时代，产品开发的结构形成了几个部门按顺序工作的情况。新产品的开发一般从市场部开始，之后是产品设计部、工程部、制造部和客户支持部。在这种工作模式中，每个部门为下一阶段工作部门提供成果。部门之间的交流沟通较少，容易形成隔阂。

随着竞争的日趋激烈，以顾客为本、缩短产品开发周期的要求越来越高。上述的"跨墙式"的组织方法被抛弃，取而代之的是不同学科子系统同步参与新产品的研发。也就是在产品开发的所有阶段都需要所有职能部门的参与。产品各子系统如机械部、电子部、软件部等和后续部门如市场部、制造部、采购部、顾客服务部等都同步参与到新产品的推出之中。这种方式被称为"同步工程"，其最大的好处是所有这些部门都介入早期的开发决定工作中，避免做出对后续部门行动不利的决定，还可以使后续部门更早地开始他们的设计活动，努力缩短开发周期。

6.2.2 成功的 PSS 设计团队的关键特点

PSS 项目的设计团队与一般的设计团队相比，具有怎样的特点呢？根据作者参与 PSS 系统设计的实际案例，结合文献案例的研究，作者认为在团队人员构成方面，PSS 设计团队中比一般设计项目更为重要的设计团队成员应该是 PSS 核心提供方（投资方）的高层管理者和可持续设计先锋，在 PSS 设计工作中，他们是不可或缺的。

1. 高层管理者

在建立 PSS 时，企业高层管理者的决心与推动是至关重要的。这种决心体现在几个重要的方面。

（1）PSS 是公司商业模式的重大变革，必须成为企业战略的一部分。

（2）保证向 PSS 建设投入足够的资源。

（3）必要时对企业组织机构与人力资源配置进行调整。

（4）建立企业的可持续发展方向和标准。

（5）支持可持续发展方面的学习与训练的时间以及经费投入。

（6）与外部可持续设计以及 PSS 发展相关的社会资源进行有效的互动与合作。

企业转向可持续发展的重要驱动力是法规的要求。欧美发达国家对企业生产过程的污染物排放、产品有毒有害物质的使用量、产品寿命末端的回收再利用以及废弃处理方面的法律法规要求越来越严格。同时，对产品生产与使用过程中的碳排放等环境指标除了限制以外，还设置了奖励机制。我国作为对外贸易总量占世界第二位的制造业大国，欧美的法规必然影响国内企业，同时我国政府在可持续发展方面的政策与法规也不断完善。这些都促进我国企业改善产品的可持续性。

样本企业都表示他们从事可持续设计项目和 PSS 项目的动机是从国家越来越强调可持续发展看到顺应这种潮流必将为企业的长远发展带来好处。特别是从事传统的产品如空调、仪器仪表行业的企业，他们在可持续发展方面的要求更加迫切。

同时，一些拥有技术优势的企业更倾向于主动实施可持续战略，力求在可持续发展方面保持领先地位，寻找发展机会。他们主动与政府有关部门和学术界互动，积极参与标准与法规的制定，认为在可持续发展方面保持技术领先是保持企业未来领先地位的重要环节。参与调研的空调业、电力谐波治理系统、智能电网设备等企业就是如此。

一位样本企业的高层管理者这样说："策略应该是我们主动参与到法规和标准的制定工作中去。为此，我们的研发和服务应该走在前面，为我们参与制定标准的工作提供新的依据。""新能源、可持续发展是全新的领域，在这方面尽早投入并得到良好的结果，进而参与法规和标准的制定工作，对我们这种中小型企业来说是难得的机遇。"

另一位企业高层管理者说："节能环保、新能源建设是天赐良机。我们原来的业务已经做到头了，我们占有市场的 50% 以上。发展新能源、建设智能电网，为我们加开了一趟特快列车，一定要赶上这班车。"

顾客的需求是企业实施可持续发展战略的另一个动机。国外的顾客对产品的可持续性要求越来越高，国内顾客也越来越重视节能降耗与减排，这些社会氛围对企业的影响也是巨大的。高层管理者身处引导企业发展的关键地位，这种氛围对他们的影响要大于对一般研发人员的影响。关于这个问题，被调研企业的管理层如此说：

"现在的影视剧拍摄已经越来越难找到理想的外景地了，一般的风景区和保护区都不欢迎摄制组进驻拍摄，因为大家都认为摄制组对环境破坏得厉害。如果能够以保护环境的一系列管理措施和方法为宣传和号召，可能会受欢迎一些。""我们为摄制组提供环境友好的服务，对他们有很大的吸引力。"

"电能质量越来越受重视，电网公司对造成谐波污染的企业不仅提高电价，还采取限制供电的措施。我们提供谐波污染治理设备，对于顾客来说是解决了他们的心腹大患，他们很愿意在这方面投入资金。况且，与钢铁厂、化工厂改造的总投入相比，在谐波污染治理方面的投入占比不到3%，而带来的回报是长远的。"

经过调研发现，所有实施可持续发展和 PSS 建设的企业的领导层都对可持续发展战略在企业发展战略中的重要地位有所认识，差别主要在于对实施这种战略的迫切性方面认识有所不同。特别是对于 PSS 建设，大多调研对象是抱着试试看的态度开始的，但当可持续设计和 PSS 建设项目一旦开始，这些公司的高层管理者都能认真地按照项目发展的需要提供资源与支持，而这种支持对于项目的成功是至关重要的。同时，高层管理者推动项目的热情会对企业中层管理者以及各团队的员工起到显著的影响。

一位设计团队的工程师这样说："我们老总对 PSS 项目非常重视，大会小会上反复强调要让我们公司成为'绿色'公司，这就促使我和其他人对可持续发展的基础工作非常感兴趣，愿意花精力研究设计方法，并最终在设计中得到创新的结果。"

至于高层管理者对 PSS 项目介入有多深，各个企业的情况不同。有的企业高层只是明确地推动项目启动，在资源提供方面对 PSS 项目大力支持。有的高层管理者则对项目的细节非常关心，几乎成为设计团队的一员。这与每个企业的文化、高层管理者的管理风格都有关系，但是只要高层管理者决心坚定，PSS 项目都能够较为顺利地开展。从调研中发现，高层管理者对可持续发展的理解不同会影响企业内部可持续性方面标准的高低。对可持续发展理解得比较深入，将可持续发展视为企业发展的重要机会的企业，在高层管理者思路的影响下，标准定得比较高，对于可持续设计和PSS项目的推进力度也会更大一些。

"如果只是按最低标准做事，永远也抓不住机会，因为大家都会这样做。我们就是要在可持续性方面重点创新，拿出实实在在的成果来，去影响国家标准，将竞争对手屏蔽在市场外面。"一位从事智能电网业务的企业高管这样说。

现实情况确实如此，很多领域标准制定的话语权掌握在几家工业巨头手中，中小企业只有在新兴的领域有所突破，才有可能脱颖而出，参与制定包括标准与法规在内的行业游戏规则，从战略上为企业发展打开通路，而这样做需要的不仅是金钱的投入，更需要优秀企业家的热情和坚定的决心。

从以上调研与分析，可以得出以下结论：

研究命题4：高层管理者的积极参与和推动是PSS设计不可缺少的环节。

结论：高层管理者对可持续发展的重要性有着清醒的认识，能够从战略的高度为PSS和可持续项目提供资源，坚定克服困难的决心。

2. 可持续设计先锋

可持续设计先锋是指在很多尝试实施可持续设计的企业中都有一位关键人物，他在企业内部充满热情地推动可持续设计工作。他有能力参与设计师富有创造性的活动，热情地激励设计师将有利于可持续发展的设计概念整合到设计之中；能够运用沟通技巧，将可持续设计的需要在企业各个部门之间进行沟通与宣传；他可能不是一位精通可持续设计所有细节的专家，但每当需要的时候，他都知道应该到哪里去找谁来解决可持续设计中的具体问题。在案例研究中，每个设计团队的成员都能指出企业内至少一位设计师或工程师或管理者是"可持续设计先锋"。在企业中，这位"先锋"一般处于两种位置：要么是一位设计团队中的重要人物，天天面对实际的设计问题；要么是一位企业管理层中的重要人物，他的日常工作并不经常与设计团队打交道，但在方向性的问题上有一定的决策权力。在设计过程中，"先锋"是可持续设计的主要推手，持续不断地推动设计团队将可持续设计的各种特征在设计中体现出来。

在调研中发现，在具体设计决策的场合，"先锋"经常说出这样的意见："我们必须提醒其他部门，设计还在进行，新的创意正不断涌现出来。""让我们与其他公司（大学）再交流一下，看看他们有没有什么新方法，可以用来解决这个问题。"

从案例研究的情况看，在大多长期进行可持续设计实践的企业中，"先锋"都逐渐被安排在设计团队有一定决策权力的位置上。在这样的位置上，"先锋"起到了两种重要的作用。

首先，在公司高级管理层和设计团队一般成员之间起到有效的沟通作用，有利于高级管理层做出可持续设计的关键决策，同时有利于这些决策在设计工作中的贯彻执行。

其次，在不同的公司或学术界之间交流可持续设计的信息。"先锋"们往往有一个朋友圈子，圈子里都是各个公司的"先锋"或学术界的活跃人物，他们的交流对可持续设计的实施帮助很大。

"在每个可持续设计团队中，都有一位对设计的可持续性了解较深的设计师，按照他的方式，模块、子系统和系统都贯彻了可持续设计的思想。他可以与管理层和设计团队沟通这方面的问题，促使他们做出正确的决定。"某样本企业"先锋"说。

"他是一位工程师，对可持续设计方面很清楚，在设计团队中受到大家的尊重。他能把可持续方面的问题说得非常清晰，引起设计团队其他成员的共鸣，使得事情容易贯彻。"某样本企业高层管理者说。

一般的设计师即使对可持续设计抱有很高的热情，但他对其他设计团队成员和别的部门的影响能力是有限的；而高层管理者又离具体的设计问题比较远，不清楚设计细节。"可持续设计先锋"往往处于中层主管的地位，他们在可持续设计方面的热情明显地感染到他们周围的人，也影响他们自己。访谈中，作者发现，"先锋"都对自己的工作非常自豪，他们都认为正是他们的努力，才将可持续设计和 PSS 的概念引入了公司，并取得成功。"我不是自夸，但我确实是第一个关注这方面的人。在两三年前，我就设想我们应该试试改变方式，用 PSS 的方式对我们这样的中小型公司可能是一个绝佳的机会。"某样本企业"先锋"说。

从以上调研和分析，可以得出以下结论：

研究命题 5："可持续设计先锋"在 PSS 设计工作中的作用与地位。

结论：实施 PSS 的决定应在项目策划的初期决定，应早于设计定位初期，或者是在设计定位的初期进行。这种决策不是模糊地决定要开发一个 PSS，而应该对 PSS 的战略指标有明确的界定。

6.3 决策时点

研究命题 6：决定进行 PSS 设计的时间点必须在项目酝酿阶段。

一个设计项目包含了一系列的决策过程。作者在设计工作中发现，对于 PSS 设计和可持续设计，决定引入 PSS 思想和方式或可持续设计方法的时间点非常关键。决心下得越早，项目执行得越顺利，进度与开发成本越低。

关于决定建设 PSS 的时间点对于设计项目进展的影响，在国内外的文献中都没有查到有关的报告，但作者从本人参与的案例中明显地体会到上述现象。

对于实施 PSS 的企业，有些本来准备设计一种产品，像传统产品一样投放市场，但是在产品设计的过程中仔细考虑市场和竞争的因素之后，思路逐渐发展，认识到有可能建立一种 PSS，将企业与顾客紧密地联系在一起。而大多数样本企业在项目尚未开始之前，高层管理者就形成了建立 PSS 的初步想法。这种种不同的情况，对项目设计的进度和效率会产生极大的影响。因此，作者在 PSS 设计方法研究中，加入了关于决策时点对项目进展产生的影响的相关内容。

6.3.1 设计定位前期是决策关键点

在被调研的企业中，PSS 和可持续设计的性质都被列入设计定位的成果——设计规格书中。采用 PSS 和可持续设计的动机在不同的企业各不相同，但主要的动机涉及以下几个方面：法规要求、竞争以及顾客需求。

"我们认识到可持续发展的重要性，对国家的长期发展具有重要的意义，所以我们在新的五年规划中提出了大力发展清洁能源与智能电网建设。不仅在这两个方面规划了四万亿元的投资，还要制定出完整配套的电力环保法规，使发电、输配电、调度、电力设备制造商都必须考虑可持续发展。"国家电网公司科技环保部副主任说。

"我们不是天才，也不是环保组织。当产品的环保性能不影响销售时，我们也没有考虑可持续设计。一开始是个别销售人员反映顾客对低能耗的需求，渐渐地，整个销售部门都认为低能耗很重要。这时，我们认为是到了开始可持续设计的时候了。"某公司高级主管说。

在一个企业考虑可持续发展的具体步骤时，正在生产和销售的产品往往是最后考虑的对象。充其量只会考虑对它们做一些有限的改进以提高生产过程中和产品使用寿命结束后的处理过程中的可持续性能。大多数企业都认为应该在新产品设计的初期就把可持续性或 PSS 的设想作为目标之一，充分利用它们带来的好处。

"很明显，在现有的体系中如果没有大量的投入，不可能收到明显的效果，所以从新产品设计开始是合理的选择。"某公司高层管理者说。

"设想早就有了，在启动设计程序之前，就设想要构造一个'产品—服务系统'，将顾客更紧密地与公司联系起来。"某公司研发经理说。

PSS 建设是一个与传统产业模式区别很大的新的商业模式，这种新模式的产生过程有很多偶然性。所有的调研对象都是从事传统商业模式的企业，能够提出以 PSS 的方式进行商业经营，都是企业中的某些个人对于新一代产品的创造性思维的结果，这个构思不断发展才作为设计项目正式启动。并没有现成的案例供他们模仿。

"一开始是研发部提出了一个设想，讨论为顾客提供服务，将节省下来的电费与顾客分成。然后财务部门、销售部门和企业高层领导加入进来讨论，最后形成了一个大致的构想。这个阶段可以看作是设计定位的前期准备。"某公司研发部经理说。

"最早是想找一个具有一次投资、长期保值增值特点的项目进行投资，希望日常管理工作量越少越好。后来我突然想到了英语教材，教材只要编写得好，就可以长期销售，不断再版，《新概念英语》就是典型。然后又考虑如何推销这本教材，《新概念英语》的成功不可能简单地复制。这就想到通过网络，加入多媒体互动学习的特点以改善教学效果。下一个问题就是对教学效果如何控制而又不能带来巨大的管理工作量，这才最终产生了现在这套 PSS 的英语学习教材的大致构架。然后，投资公司的董事们一起讨论，最后批准了这项投资。"网络英语学习 PSS 投资总监。

所有的调研案例都显示，PSS 的最初构想是从研发部、销售部或企业高层管理者中发起的。经过一段时间的酝酿和架构基本成型的过程，才作为一个正式的 PSS 项目进入研发程序。

在设计过程中才发现一些可持续性方面的因素要加入设计目标，必然造成工作中的被动局面，浪费大量的时间和工作量。

如果基层的设计团队工作人员在收到设计任务书的时候才看到有关 PSS 设计和可持续设计内容，也会造成很大浪费。在调研中有的基层设计人员认为，许多设计要求在制定阶段应该与他们进行更充分的沟通。

"设计规格书上没有说明产品中铅的用量有限制，但是实际上铅的使用量是有着严格规定的，直到我所在的设计小组提出这个问题，经过很多沟通，其他设计小组才把铅的使用量降低。很多工作和时间被浪费了。"某公司设计师说。

因为可持续设计项目的设计在很多情况下受到供应方原材料规格的限制，所以如果在设计定位阶段没有把供应情况搞清楚，也会带来被动局面。

"我们与大多数供应商有着良好的合作关系。即使如此，当我们要求他们控制某种材料的质量、控制某种成分时，依然是非常麻烦的。他们会努力与我们合作，但因为技术原因、生产线调整原因、采购批量大小的原因，都会影响最终的结果，特别是影响到采购成本，不容易达到理想的状态。所以在设计定位的时候，如果能够讨论得尽可能细致一些，设计过程会进展得比较顺利。"某公司设计主管说。

从调研中可以看出，在具体的可持续设计项目实施的过程中，很多设计决策牵涉到产品成本的增减，而在设计过程中，又不可能对总成本的增减进行准确的测算，这时就涉及谁来做出决定的问题。在调研中发现，高层管理者在设计过程中介入较深的项目，这种决定做出得比较迅速；而高层管理者介入不深的项目，设计主管就会要求下属尽可能多地对潜在的几个设计方向都进行探索，直到把情况测算得比较清楚，再请高层管理者做最后的决定。表面看来后一种处理方式更加科学合理，但实际上是以浪费时间和设计工作量为代价的，甚至有时会影响设计团队的士气。

尽管初始动机各不相同，但很多公司特别是一些规模比较大的公司，都表现出将可持续性逐渐引入企业所有新研发项目的倾向，这一般是通过建立企业新产品可持续性能的标准，或者在新产品或系统开发中对可持续性能提出改进的要求等方式来实现的。有的案例显示企业曾经召开专题会议，介绍新产品体系在可持续性方面取得的成果，展示 PSS 对企业发展的促进作用。这种趋势对于 PSS 项目和可持续设计项目的发展具有重要的意义。

"可持续设计在我们这儿已经进行了几轮了。产品更新得很快，一般每两三年要做一次改型，所以可持续性的要求，特别是具体的设计指标加入企业的设计手册以后，工作起来要方便多了，也不用担心遗漏和重复设计。"某电力设备公司设计主管说。

在已经成功实施 PSS 的企业，因为已经有了正在运行的 PSS 项目作为企业日常运行的一部分，企业的各个部门都经历了适应 PSS 系统需要的转变。在这样的企业，新的 PSS 的开发与设计工作就明显较成熟。研发部门很快就在现有 PSS 的基础上不断设想新的业务，并计划投入开发设计工作。在这种情况下，在设计定位的前期决策设计 PSS、确定体系的可持续性方面的设计指标就显得更加必要，因为这些特点直接决定了体系未来吸引顾客的竞争优势所在。

"就像一般产品在设计定位时就要将质量特点作为技术指标提出来，在设计中努力达到这个指标一样；在 PSS 设计定位时就要将节省能源、降低运行费用和服务成本等指标作为设计目标明确地提出来。在设计中努力达到，将来在市场上才有竞争力。早定下目标，努力才有方向，在设计开始阶段的模糊会引发很多麻烦。"某公司研发主管说。

"一定要早早定下设计目标，等到设计开始之后，很多规格指标就没法改了。"某公司高层主管说。

对于 PSS 项目，由于涉及经营模式的设计，如果不是从一开始就定下来要做 PSS，几乎不可能实现。下节是一个具体案例。

6.3.2　在产品设计中途转型的情况

这是一个在设计项目开始时并没有设想建立 PSS，在产品开发过程中转向建立 PSS 的例子。2003 年春发生了 SARS 传染病，造成对医院、写字楼和大型公用建筑用的中央空调管道中的细菌群落进行检测和消毒的需求。某企业按照国际化的思路，策划投资生产供医院、写字楼和大型公用建筑用的中央空调管道细菌采样与消毒机器人。项目的核心技术从日本购买，机器人设计与生产在中国，销售市场定向为欧美国际市场，设计目标是销售机器人产品（图 6 - 1）。设计团队按照这样的策划进行了近一年的设计工作，进度完成了近一半。这时，中国卫生部准备在全国范围内建立由卫生防疫部门负责的公用建筑空调通风管道细菌检测体系，对所有大型公用建筑进行定期检测。消息传来，公司管理层决定在中国建立一个 PSS，与全国卫生防疫系统进行合作。这个消息在设计项目组内引起了很大的震动，原因是原来的设计定位不适用了。作为销售到欧美国家的产品，原来的设计定位中包含了大量的欧美国家的安全与使用标准，使用者定位是物业管理公司与专业保洁公司，转变成中国建立 PSS 以后，经过重新进行设计定位，发现除了电源、安全等标准不同以外，最大的不同在于该 PSS 服务的对象是政府卫生监测部门。卫生监测部门要求检测的效率高，但不要求进行清洗，所以要求机器人行走速度较快，承载能力小，只要有采样和记录功能就可以了。而原来的产品定位要求不但能够进行检测，而且要进行清洗，且后者是主要功能，所以原产品定位方案中机器人的行走速度较慢，承载能力较大，能够换装化学药剂、物理刷洗等多种清洗消毒设备进行工作。

图 6 - 1　通风管道卫生监测机器人设计方案

最后经过反复讨论，还是另行设计了一种同系列但较小型的专供检测 PSS 使用的机器人，同时在软件方面加强了监视、记录、网络传输、信息归档等公共卫生部门进行管理所需的功能，较好地满足了 PSS 的需要。

从这个案例可以看出，PSS 的设计如果不是在设计定位的初期就做出决策，很难从一般产品直接转型。

6.3.3　设计定位之后的相关决策

和一般的产品开发有所不同的是，所有的被调研企业都认为，由于 PSS 太新了，尽管在制定体系架构和设计定位时尽可能考虑周全，但在实践中会遇到大量设计定位中没有考虑到的问题，这就是设计定位之后的设计决策问题。在调研中发现，对这类设计问题的决策过程进行程序化管理是比较好的方式，如将问题分成重要问题和一般问题两类，重要问题包括：涉及有毒有害物质使用与排放的、涉及法律责任的、涉及企业成本较大增加的、涉及 PSS 商业架构变动的等；其他问题作为一般问题。在实践中，重要问题需要企业高层管理者决策，一般问题由设计团队主管决策。

像产品一样，一个PSS的可持续性包含了很多方面的内容。仅产品部分就要涵盖产品的全生命周期中可持续性的评估，还要对服务部分的可持续性进行评估与设计改进。在设计实践中，因为产品的全寿命周期的可持续性分析方法非常烦琐、昂贵且并不成熟，一般企业都采用简易估测法、同类产品比较法等变通的办法进行，往往是就具体的问题进行探索，一般问题的决策标准往往是经济成本方面的考虑。

"设计中经常遇到非原则性的决策。比如说在教师管理方式设计中，是否允许教师与学生自行约定面授地点的问题。解决方案有几种：不准自行约定面授地点，必须到学校见面；可以自行约定任意地点；可以自行约定经过学校批准备案的地点。三种方案都影响系统的总可持续性，同时还牵涉到服务质量、顾客便宜程度、万一出事后的法律责任划分等问题。这时，我们考虑的优先秩序是：法律责任、企业成本、顾客需求。因为具体的可持续性测算无法进行，只能以经济成本来替代进行估算，最后方案是允许自行约定面授地点。可以看出，设计决定的出发点是以公司的成本来衡量的。"某公司设计主管说。

"设计时遇到没有明显的可持续性优劣的方案选择时，一般就看经济成本，我们认为成本低的方案应该是可持续性更好的，特别是与有毒有害物质无关的问题。"某公司设计师说。

在设计定位之后的设计决策是大量的，作者实际参与的案例和很多调研案例都表明，在这种问题的决策过程中，"可持续设计先锋"往往发挥着重要的作用。在设计阶段，很多有利于PSS和可持续性提高的创意来自服务、生产、包装、运输等部门。这些部门与设计部门距离较远，沟通较少。在设计阶段，"可持续设计先锋"

往往深入地与这些部门进行探讨，挖掘出很有价值的创意，对 PSS 设计产生重要的影响。

"我到包装部门和他们一起工作了整整两天，在交流中有个包装工跟我说，如果我们的产品的总长能够缩短 15 厘米，一个集装箱就可以多装一台。我详细了解后才知道，如果每个集装箱多装一台，每台运费可以节省 20%。"某公司设计师说。

"我和服务人员谈了几次，发现设计 PSS 项目和一般产品不一样，过去产品都是顾客购买后自己拿回家，所以我们把包装设计得很漂亮，但都是用完就扔掉了。现在产品是我们自己的服务人员送到顾客家里，所以产品包装不用漂亮，但是要结实，可以反复使用。"某公司设计师说。

设计的过程实际上是创意—决策的过程，大量的设计决策工作实际上是在设计过程中进行的，对设计中涉及的决策主要是由设计团队的主管在日常管理中做出的。在一些实施可持续设计时间较长的企业，往往由"可持续设计先锋"担任设计团队的管理者或承担很多管理责任也就比较正常了。

从以上调研与分析，可以得出以下结论：

研究命题 6：决定进行 PSS 设计的时间点必须在项目酝酿阶段。

结论：实施 PSS 的决定应在项目策划的初期决定，应早于设计定位，或者是在设计定位的初期进行。这种决策不是模糊地决定要开发一个 PSS，而应该对 PSS 的战略指标有明确的界定。

6.4　小结

PSS 设计团队的组成方式和工作方式与一般的设计团队区别不

大。但是可持续设计和 PSS 设计是企业重要的战略发展方向，它对企业的业务模式和各部门的工作方式都有比较大的改变。所以，改变的痛苦伴随着项目的展开过程。企业文化，特别是企业内部交流与沟通方面的文化与习惯直接影响设计进度与质量。

对成功的 PSS 设计与可持续设计案例的研究表明，设计团队中的两种关键人物与企业战略和交流文化直接相关。

研究命题 4：高层管理者的积极参与和推动是 PSS 设计不可缺少的环节。

结论：高层管理者对可持续发展的重要性有着清醒的认识，能够从战略的高度为 PSS 和可持续项目提供资源，坚定克服困难的决心。

研究命题 5："可持续设计先锋"在 PSS 设计工作中的作用与地位。

结论："可持续设计先锋"以自己的热情和可持续方面的专业知识在企业特定的文化中进行协调与沟通，上传下达，组织跨部门的协作，在具体设计问题的层面上推动项目前进。

这两种角色对于可持续设计项目的成功至关重要。

在 PSS 设计和可持续设计的决策时点方面，研究发现，主要的 PSS 构架是在设计定位之前或设计定位前期定型的。主要的可持续设计内容是在设计定位前期决定的，主要的决策人是企业的高层管理者。在设计实施过程中，主要的决策者是设计团队的管理者，但对于比较重要的设计决策，采用设定决策层级，由高层管理者决策是比较通行的做法。

调研发现，在一般产品设计开始之后，企图转换成 PSS 并进行设计是非常困难的。

所以，在新项目处于萌芽阶段就进行 PSS 建设的可能性探索是很多企业发展可持续项目和做出功能经济尝试的必由之路。随着功能经济的发展，先行者的示范效应将促使同行进行这样的思考。设计界需要做的工作是进行设计理论和方法上的探讨与积累。

研究命题 6：决定进行 PSS 设计的时间点必须在项目酝酿阶段。

结论：实施 PSS 的决定应在项目策划的初期决定，应早于设计定位，或者是在设计定位的初期进行。这种决策不是模糊地决定要开发一个 PSS，而应该对 PSS 的战略指标有明确的界定。

07

第7章
讨论与展望

可持续导向的产品－服务系统设计

本研究对产品—服务系统设计中的几个重要理论问题进行了调研与分析。研究方法方面分两步走，在先导性研究阶段对 PSS 设计过程中潜在的设计理论问题进行了研究。综合文献研究、样本企业调研访谈、作者亲身设计实践中的体会与思考对研究命题进行定位，选择了 6 个设计理论命题。这 6 个命题涉及设计目的、设计定位、设计团队、设计决策等几个方面。在后续研究阶段，根据这 6 个命题的不同特点，采用分析设计历史与设计理论、调研与访谈、文献研究、归纳与演绎等方法进行了较为详尽的研究并得出了相应的结论。

设计理论研究的目的是指导设计实践。在本研究中，作者尽可能从自己和调研样本的设计实践出发，寻找 PSS 设计与传统工业产品设计有较大区别、有自身特点的理论问题加以研究，力图为今后的 PSS 设计实践探索一些规律。

7.1　关于可持续设计

在有关设计目的的研究中，研究的重点往往关注设计的社会价值与社会意义。诚然，设计的社会意义是非常重要的，但是从实际设计工作出发，作者认为，保证企业和设计项目自身的可持续发展应该是设计师工作更为重要的现实目标。如果仅仅强调设计目的的社会性，往往会造成设计师的困惑。

这个问题与在经济领域强调环境与资源保护与现实的经济发展之间的关系很类似。如果不发展经济，是否可以更好地保护自然环境？这个问题显然没有现实意义。当下就有 60 多亿人生活在地球上，当然要考虑他们的生活与发展。在可持续发展的理论中已经将这个问题阐述得比较明确，我们应该努力的方向是可持续发展。在可持续设计理论中，将这个问题也论述得比较清晰了。我们要在设计工作中努力达到社会与人的可持续、经济上的可持续、环境与资源上的可持续这三个目标，其中经济上的可持续就是指设计项目和企业自身在设计工作的帮助下能够得到顾客的认可，能够赚取可以支撑企业发展和项目发展的利润。所以，在 PSS 的设计目标方面，如何取得顾客的认可；如何降低资源消耗，提高系统效率并最终降低总成本；如何设计 PSS 的服务模式以适合企业发展的战略目标应该是设计团队的工作重点。在本研究中对设计目标方面的研究命题的研究结果也说明了上述思考的正确性。

设计行业属于服务业，设计团队被企业聘用，通过设计师对顾客各方面需求的理解以及对企业战略与资源的理解，将产品或系统设计出来，使企业可以盈利，间接地实现为顾客和社会服务的目的，这种朴素的理解在设计工作中具有更重要的现实意义。

7.2　关于 PSS 的设计定位

设计定位工作的复杂性体现在其输入信息的繁杂多变性和设计者的主动选择性上。繁杂多变是指来自顾客的功能需求、心理需求、社会性需求，与来自企业的资源限制、技术限制、企业战略方向需求等设计要素相互纠结在一起。设计者的主动选择性是指设计者在工作中必须主动判断这些需求要素孰轻孰重，如何平衡。把握住 PSS 与传统产品在顾客方与企业方的需求方面都有着哪些明显的不同，有助于设计师在设计定位时较为准确地进行设计调研和分析，从而促进设计工作顺到进行。

在 PSS 设计定位研究中，重点从 PSS 引起了顾客与企业之间经济利益关系变化这个比较突出的特点出发进行研究，讨论了 PSS 的顾客在经济上、功能上、心理上要求的特殊性。正如文献研究中所提到的，PSS 作为"可持续消费社会"建设的起点之一，面临的是从商业模式到顾客消费心理的巨大转变。能否通过设计将这种转变过程顺利实现，决定了 PSS 项目的成败。也正因为如此，与传统产品设计定位工作相比，PSS 设计在这几个方面有着鲜明的特色。从对样本企业的调研中发现，每个具体项目在设计定位中都有其特殊性，但这几方面的区别使得 PSS 设计工作的创新点与传统产品设计有很大的不同却是一致的。

设计创新来源于每个设计项目的与众不同。PSS 设计定位与传统产品设计定位的不同特点正是 PSS 设计创新很好的出发点。

7.3 关于设计团队与设计决策

设计团队的重要性是众所周知的。在 PSS 设计中，因为涉及企业战略方向的重大转变，所以高层管理者的参与与决心变得尤为重要。这个结论对于设计师与企业合作、挑选合适的 PSS 设计项目具有现实意义。PSS 项目对于企业的影响是战略性的，特别是制造业企业，从以产品销售为主的盈利模式转变为以提供服务为主的盈利模式，企业的核心技术能力、财务运行方式、组织机构，直至企业战略愿景都要做出很大的转变，在转变过程中，企业要承受巨大的风险。设计师在为这样的企业进行设计咨询时，必须将这种转变的风险与企业领导者进行充分的交流与讨论，只有企业高层管理者确实形成建设 PSS 的共识才有可能取得成功。

作者在设计实践和研究中发现，企业高层彻底理解了 PSS 对企业意味着怎样的变化之后才做出建设 PSS 的决定，其后续的设计工作进行得都比较顺利，这是因为这样的 PSS 项目确实适合企业发展的需要。一些新建的企业从一开始就决定建立 PSS，在市场中立足，这种企业的设计工作开展得最为顺利，网络英语学习 PSS 项目就是如此。[72]

"可持续设计先锋"这个角色，是作者在参与实际工作中发现的。通过调研，验证了这类人员的存在。作者认为，这是可持续设计和 PSS 设计在国内刚刚进入初始阶段的产物。回忆 20 世纪 90 年代工业设计在国内刚刚开始时，在设计团队中也有类似的"工业设计积极分子"的身影。随着工业设计知识的普及，这种"积极分子"越来越多，反倒不突出了。可能"可持续设计先锋"也会随着可持续设计的发展、普及而变得越来越多，最后没有专门用"先锋"的名号来称呼他们的必要吧，但是在推动可持续设计事业走向普及的潮流中，"先锋"们的行动与贡献必然是可爱而重要的。

7.4 关于进一步研究的方向

PSS 设计是全新的设计实践。作者在实践中和本研究过程中深切地感到相关设计理论的缺失对于设计工作的开展带来的困惑。限于研究时间、研究水平以及研究资源三方面的限制，本研究只涉及了 PSS 设计中很少几个方面的理论问题。

在亲身设计实践和先导性研究中发现的理论问题远不止本研究中提出的 6 个。作者认为，进一步研究的主要方向可能是以下几个方面。

（1）关于 PSS 顾客心理与社会需求的更为深入的研究。此研究能够进一步揭示"可持续消费"的顾客需求方面的本质。

（2）关于服务模式的设计概念创新规律的研究。PSS 的重点是通过服务模式将价值不断地从提供方转移至顾客，服务模式的创新是完成体系设计目标的重要环节。在实践中，作者深深地感到对于服务模式的创新依然停留在"妙手偶得"的阶段。虽然所有的设计创新都离不开设计师的灵感闪现，但是在 PSS 设计中服务模式设计创新还没有任何规律性的理论指导，给设计质量与进度造成很大的困扰。

（3）关于 PSS 可持续性的度量与评价方法的研究。在目前的设计实践中，对于一种体系设计概念的可持续性的评估没有清晰的理论与方法指导，只能采用实例模拟、费用估算等"朴素"的方法进行粗略的评估。设计团队对于结论的可靠性始终持审慎态度。这种情况给一些关键的设计决策带来了负面影响。设计中需要一种清晰的、在时间和费用上都能承受的方法作为设计工具，对 PSS 设计概念进行快速有效的评价。

（4）将经济管理方面有关知识产权管理、销售渠道管理、服务渠道管理等的金融与管理方法与 PSS 架构设计相结合，能够帮助设计师进行体系架构设计方面的创新。在 PSS 设计实践中，设计师面对的设计客体是一个包含产品设计、服务设计，涉及多个企业的复杂系统。对于上述几方面的管理恰恰是设计师最不熟悉的部分，而有关这方面的学科交叉有可能带来新的设计方法，进而促进设计创新的产生。

7.5 关于研究方法

本书的研究方法采用了先导性研究加深入研究的两阶段定性研究方法，基本上属于社会科学研究中的"三角测量法"研究策略。三角测量不是一种验证方法，而是验证之外的一种研究策略，它把不同的方法、经验材料、观点和观测者组合在一个研究中，以增加研究的严谨、幅度、复杂性、丰富性和深度。[75]这种研究策略在国外也是近20年来渐渐成型的,作者尚未在国内的有关设计理论研究中发现采用这种研究策略的例子,这也是作者尝试这种研究策略的原因之一。采用这种研究策略的另一个原因是尝试摆脱一些设计类学术研究注重理论方面的思辨,而对指导设计实践方面重视不够的倾向。由于对社会科学定性研究的理论体系理解得不够深入,在本研究中作者常常不自觉地回到习见的设计论文写作风格中去,应该说还没有完全达到作者预想的采用全新的研究策略的目标,但注重理论研究对设计实践的指导意义这个特点在本研究中是作者努力的方向,希望这个研究能够给设计师同行带来一点启发。

08

第8章
结语

可持续导向的产品—服务系统设计

本书采用社会科学定性研究中的三角测量研究策略，以先导性研究确定研究命题，在后续深入研究中对研究命题进行分析论证，对产品—服务体系设计进行了设计理论方面的研究。

本研究的出发点是工业设计理论和可持续设计理论，采用文献研究、调研访谈、理论分析结合作者亲身设计实践的方法，对 PSS 设计的设计目的、设计定位、设计团队、设计决策等方面进行了较为深入的分析与探索，在研究中本着对未来的 PSS 设计实践具有指导意义的目的出发，尽量贴近实践。

本研究的研究命题与结论如下。

研究命题 1：PSS 设计的设计目标中有哪些因素与企业的三项主要要求相关联？这种关联对设计活动产生的主要影响体现在哪些方面？（三项主要要求是：①作为改变企业发展方向的尝试。②作为建立企业与顾客更紧密联系的手段。③主动引导市场发展的方向。）

结论如下：

（1）产品服务系统应该具有高品质、高可靠性、使用成本低、维护成本低、通过回收再利用创造新价值的特点。

（2）在产品设计方面，对形式美的追求目标没有变。在服务设计领域，对于与顾客发生交互的所有服务界面都存在形式美学方面的要求，同时也存在服务心理、服务流程方面的体验性审美方面的追求。

（3）在设计中应该体现出 PSS 的可持续性、高品质的功能与效率、经济上的合理性三个基本特点，作为塑造系统象征性的目的。

（4）在视觉传达领域、服务形象设计领域、产品形象设计以及网络交互设计领域共同努力，创造良好的企业社会责任形象。

研究命题 2：PSS 带来的顾客与企业之间的利益关系变化主要是什么？这些变化为顾客在经济上和心理上带来了哪些需求？

结论：在经济利益方面，顾客愿意用 PSS 替代产品必须在经济上获得较为明显的益处，特别是高品质、高效率、高技术含量的

PSS，可以使顾客不必一次投入大量的金钱和时间或人力，就可以得到高质量的需求满足，在与传统产品的竞争中具有较强的竞争力。

在 PSS 设计中顾客的社会诉求和心理诉求目标，应以高品质、环境友好、专业服务、可靠守信、可持续发展作为要点。

研究命题 3：PSS 设计定位在企业需求方面与传统产品设计定位区别较大的因素有以下三点：

设计中应以产品服务系统的可持续性提高作为关注点。

产品与服务方式的创新是设计中的主要手段。

参与方的管理和利益保证在 PSS 设计中至关重要。

结论：上述三点是企业建设 PSS 战略目标在具体设计工作中的体现，实现这三个要求，有助于 PSS 项目以及企业自身的可持续发展。

研究命题 4：高层管理者的积极参与和推动是 PSS 设计不可缺少的环节。

结论：高层管理者对可持续发展的重要性有着清醒的认识，能够从战略的高度为 PSS 和可持续项目提供资源，坚定克服困难的决心。

研究命题 5："可持续设计先锋"在 PSS 设计工作中的作用与地位。

结论："可持续设计先锋"以自己的热情和可持续方面的专业知识在企业特定的文化中进行协调与沟通，上传下达，组织跨部门的协作，在具体设计问题的层面上推动项目前进。

研究命题 6：决定进行 PSS 设计的时间点必须在项目酝酿阶段。

结论：实施 PSS 的决定应在项目策划的初期决定，应早于设计定位，或者是在设计定位的初期进行。这种决策不是模糊地决定要开发一个 PSS，而应该对 PSS 的战略指标有明确的界定。

参考文献

［1］McLennan J F. The Philosophy of Sustainable Design［M］. Kansas City: Ecotone Publishing Company LLC, 2004.

［2］United Nations Environment Programme, Division of Technology Industry and Economics（DTIE）. Design for Sustainability a practical approach for Developing Economies［EB/OL］.

［3］United Nations Documents: Report of the World Commission on Environment and Development: Our Common Future［EB/OL］.

［4］United Nations Environment Programme, Division of Technology Industry and Economics（DTIE）. Product－Service Systems and Sustainability［EB/OL］.

［5］Robson C. Real World Research［M］. Oxford: Blackwell, 1993.

［6］Yin R K. Case Study Resarch: Design and Methods［M］. 2nd Edition. London: Sage, 1989.

［7］Miles M B and Huberman A M. Qualitative Data Analysis: A Sourcebook of New Methods［M］. London: Sage, 1989.

［8］Hammersly M. The Dilemma of Qualitative Mathod: Herbert Blumer and the Chiago Tradition［M］. London: Routledge, 1989.

［9］ Fielding N G and Fielding J L. Linking Data ［M］. London: Sage, 1986.

［10］ Denzin N K. The Research Act: A Theoretical Introduction to Sociological Methods ［M］. 3rd Edition. New Jersey: Prentice - hall, 1988.

［11］ Ponting C. A Green History of The World ［M］. London: Penguin Books, 1991.

［12］ Bonsiepe G. North/south: Environment/Design ［J］. International Colloquium, 2e Quadriennale Internationale De Design, 1991 (7).

［13］ Madge P. Design, Ecology, Technology: A Histographical Review ［J］. Journal of Design History, The Design History Society, 1993, 6 (3): 146 - 166.

［14］ Carson R. Silent Spring ［M］. New York: Fawcett Crest, 1962.

［15］联合国. 人类环境宣言, 1972.

［16］ Papanek V. Design for the Real World: Human Ecology and Social Change ［M］. New York: Pantheon Books, 1971.

［17］ Ryan C J, Hosken M and Greene D. Eco - design: Design and The Response to The Greening of The International Market ［J］. Design Studies, 1992, 13 (1): 3 - 22.

［18］联合国. 可持续发展世界首脑会议报告 ［R］. 南非: 约翰内斯堡, 2002.

［19］联合国. 约翰内斯堡执行计划 ［R］. 南非: 约翰内斯堡, 2002.

［20］ MacKenzie D. Green Design: Designing for the Environment ［M］. London: Lawrence King, 1991.

［21］ COEC. Waste Management on Implementation of the EC Programme of Policy and Action in Relation to the Environment and Sustainable Development, towards Sustainability ［M］. Brussles: COEC, 1996.

［22］Berkhout F. Life – cycle Assessment and Innovation in Large Firms ［J］. Fourth International Research Conference of the Greening of Industry Network, 1995 (11): 12 – 14.

［23］Porter M E and van der Linde C. Green And Competitive: Ending The Stalemate ［J］. Harvard Business Review, 1995 (9): 120 – 134.

［24］US Office of Technology Assessment (US – OTA). Green Products By Design: Choices for a Cleaner Environmental ［M］. Washington: US – OTA, 1992: 81.

［25］United Nations Environment Programme. Life Cycle Management: A Business Guide to Sustainability ［EB/OL］.

［26］Society of Environmental Toxicology and Chemistry (SETAC). A Technical Framework for A Life – cycle Assessment ［M］. Washington: SETAC Foundation, 1990.

［27］麦克唐纳·威廉, 布朗嘉特·迈克尔, 中国 21 世纪议程管理中心, 中美可持续发展中心. 从摇篮到摇篮——循环经济设计之探索 ［M］. 上海: 同济大学出版社, 2005.

［28］United Nations Environment Programme. Life Cycle Management: A Business Guide to Sustainability ［EB/OL］.

［29］Fava J A, Denison R, Jones B, et al. A Technical Framework for Life – cycle Assessment ［M］. Pensacola: SETAC, 1991.

［30］McAloone T C. Industrial Application of Environmentally Conscious Design, London and Bury St. Edmunds ［M］. UK: Professional Engineering Publishing Limited, 2000.

［31］Kuuva M, Airila M. Design For Recycling ［J］. In Proceedings of the International Conference on Engineering Design (ICED93),

1993 (8): 804 – 811.

[32] Cooper T. Beyond Recycling: The Longer Life Option [M]. London: The New Economics Foundation, 1994.

[33] Brooke L. Think DFD [J]. Automative Industries, 1991 (9): 71 – 73.

[34] Poyner J R and Simon M. The Continuing Integration of the Eco – design Tool with Product Development, in Proceedings of the IEEE International Symposium on Electronics and the Environment [M]. Dallas: IEEE, 1996.

[35] Frosch R. A and Gallopoulous N E. Strategies for Manufacturing [J]. Scientific American, 1989, 261 (3): 144 – 152.

[36] www. symbiosis. dk.

[37] Dewberry E and Goggin P A. Ecodesign and Beyond: Steps towards Sustainability [J]. The European Academy of Design Inaugural Conference, 1995 (4) .

[38] The World Business Council for Sustainable Deve-lopment United Nations Development Programme (WBCSD). Eco – efficiency and Cleaner Production: Charting the Course to Sustainability [EB/OL] .

[39] Moezzi M. Decoupling energy efficiency from energy consumption [J]. Energy and Environment, 2000, 11 (5): 521 – 537.

[40] Rudin A. Let's Stop Wasting Energy on Efficiency Programs [J]. Energy and Environment, 2000, 11 (5): 539 – 551.

[41] Federal Highway Administration. Nationwide Personal Transportation Survey [J]. 1990 NPTS Databook. 1994 (1) .

[42] Hawken P, Lovins A B, Lovins L H. Natural capitalism: the next industrial revolution [M]. London: Earthscan, 1999.

[43] Rosenblum J, Horvath A, Hendrickson C. Environmental Implications of Service Industries [J]. Environmental Science & Technolo-

gy, 2000, 34 (22): 4669 – 4676.

[44] Manzini E. Sustainable Solutions 2020 – Systems. Paper presented at the 4th International Conference towards Sustainable Product Design [C]. Brussels: Centre Borschette Conference Centre, 1999.

[45] Stahel W. The Functional Economy: Cultural and Organizational Change [C]//In Richards D J. The Industrial Green Game: Implications for Environmental Design and Management. Washington: National Academy Press, 2002: 91 – 100.

[46] Stahel W. The Utilisation – Focused Service Economy: Resource Efficiency and Product – Life Extension, The Greening of Industrial Ecosystems [M]. Washington, DC: National Academy of Engineering, National Academy Press, 1994: 178 – 190.

[47] Mont O. Product – service Systems: Panacea or Myth [C]. Doctoral Dissertation, Lund University, 2004.

[48] Arnold T and Ursula T. EDS. New Business for Old Europe, Product – Service Development as A Means to Enhance Competitiveness and Eco – efficiency [J]. Final Report of Suspronet, 2004.

[49] Kurdve M. Chemical Management: In – house or Outsource [J]. Geteborg, 2003 (18) .

[50] Larsson R, Olsson – Tjarnemo H, Plogner A C, el al. Market Pull or Legislative Push: A Framework for Strategic Ecological Reorientation [J]. Scandinavian Journal of Management, 1996, 12 (3): 305 – 315.

[51] Marquard J. Personal communication with sales manager of A-GA. Mont, O. , Landskrona, 2003.

[52] Agri J, Andersson E, Ashkin A, et al. Selling Functions: A Study of Environmental and Economic Effects of Selling Functions [M]. Geteborg: Chalmers Tekniska Hagskola, 1999: 40.

［53］ Enell M. Paper presented at the Seminar on "Funktions fairs? Product Service Systems" ［J］. Stockholm, 2001.

［54］ Mont O. Household Attitudes to Services and Renting ［M］. Lund: Unpublished report from the survey, 2002: 70.

［55］ Mont O. CMS – A New Method To Manage Chemicals ［J］. Verkstiderna （2）, 2004: 48 – 49.

［56］ Mont O. Drivers And Barriers for Shifting towards More Service – oriented Businesses: Analysis of the PSS Field and Contributions from Sweden ［J］. Journal of Sustainable Product Design, 2004, 2 （3 – 4）: 83 – 97.

［57］ Mont O, Singhal P, Fadeeva Z. Learning from Experiences: Chemical Management Services in Scandinavia （Sweden） ［J］. Paper presented at the OECD conference "Experiences and perspectives of service – oriented strategies in the chemicals industry and in related areas", 2003, 11 （13 – 14）.

［58］ Mont O. Reducing Life Cycle Environmental Impacts Through Systems of Joint Use ［J］. Special Issue on "Life Cycle Management" of Greener Management International, 2004.

［59］ 布尔德克·B·E. 产品设计——历史、理论与实务 ［M］. 胡飞, 译. 北京: 中国建筑工业出版社, 2007.

［60］ 休弗雷·G. 北欧设计学院工业设计基础教程 ［M］. 李亦文, 译. 南宁: 广西美术出版社, 2006.

［61］ March L J. The Logic Of Design, Developments In Design Methodology, Chichester: John Wiley & Sons, 1984.

［62］ Lloyd P and Deasley P J. Ethnographic Description of Design Networks, in Proceedings of Descriptive Models of Design ［C］. Istanbul: Springer Nature Switzerland A G, 1996: 51 – 77.

［63］ Cross N. Engineering Design ［M］. London: Design Council, 1984.

[64] Pugh S. Total Design, Integrated Methods for Successful Product Engineering [M]. Wokingham: Addison – Wesley, 1991.

[65] Madge P. Design, Ecology, Technology: A Histographical Review [J]. Journal of Design History, The Design History Society, 1993, 6 (3): 149 – 166.

[66] US National Research Council. Improving Engineering Design: Designing for Competitive Advantage [M]. Washington DC: National Academy Press, 1991.

[67] The International Council of Societies of Industrial Design [EB/OL]. www. icsid. org.

[68] Gros J. Grundlagen einer Theorie der Produktsprache [J]. Hfg Offenbach, 1983 (1).

[69] Otto K N and Wood K L. 产品设计 [M]. 齐春萍, 等, 译, 北京: 电子工业出版社, 2005.

[70] 考夫卡·库尔特. 格式塔心理学原理 [M]. 李维, 译. 北京: 北京大学出版社, 2010.

[71] Langer S. Philosophy in a New Key, Cambridge, MA, 1942.

[72] Qiu Yue. Studies on Sustainable Design Strategies of the Product – Service System for the Web – based English learning, International Conference on Web – Based Learning (ICWL) 2010, Shanghai, Lecture Notes in Computer Science [J]. Springer – Verlag, Computer Science Editorial, 2010.

[73] Wilde D. Mathematical Resliution of MBTI Creativity DATA into Personality type Components [J]. ASME Design Theory and Methodology Conference, 1993 (9): 37 – 43.

[74] Belbin M R. A Reply to Belbin Team – Role Self – Perception In-

ventory by Furnharm, Steele, and Pendleton [J]. Journal of Occupational and Organizational Psychology, 1993, 66 (3): 259.

[75] Flick. An Introduction to Qualitative Research [M]. London: Thousand Oaks: Sage, 1998.

后记

可持续设计的基本观点是系统性。对于任何宣称具备"可持续性"的新产品或新系统，如果从系统的角度去考察其可持续性，能够得出可测量的进步结果，方才认为其真正具备"可持续"的属性。用这样的标准去衡量现实中大量号称"可持续"的新产品或新服务，其可持续性往往让人怀疑。对于产品—服务系统来说，可持续性其实是一个附属的特点——产品租赁服务行业古已有之，只是当时并没有"可持续发展"的概念。所以，并非所有的"以服务代替拥有"的系统，就天然具备可持续的特征。以可持续性为导向，对系统进行精心设计，才是保证系统具备可持续性的基础。

在本书中，作者从可持续设计理论出发，对可持续导向的产品—服务系统设计中的特点进行理论研究。结合作者参与 PSS 实际设计工作的实践，对实施 PSS 设计企业的调研与访谈和文献研究，对 PSS 设计的设计目的、设计定位、设计团队、设计决策等方面进行了分析与研究，探索其与传统产品设计的重要区别与特点。

本书的研究为开展产品—服务系统设计实践提供了理论支撑。目前，可持续发展中最有希望的一条路径——以服务替代产品，进而达到可持续发展正被全社会所瞩目，而正如火如荼发展的"共享经济"因为不断"烧钱"、只求"圈地"等急功近利的商业行为而招致了不少非议。实际上，简单、粗放、蝗虫卷地式的发展模式不仅严重影响了系统可持续性的建立，对于全社会的持续创新也极为不利，这种拙劣而野蛮的经济发展模式一方面断送了创新的多样性，另一方面又以强有力的金钱驱动去挑起、利用人们对金钱的原始欲望。这样的商业模式，在传统商业经济中会导致社会责任风险，而在产品—服务系统这一类以社会创新为可持续发展开拓方向的伟大事业中，也必然带来结构性的重大隐患。正确的基本价值观加上扎实细致的设计研究，当为纠正此类风险的唯一手段。希望本书对可持续发展的宏伟事业能够起到扎实的推动作用。

感谢北京理工大学设计与艺术学院张乃仁教授对本书研究的悉心指导，感谢北京工业大学工业设计系曲延瑞教授为本书热情作序。

感谢北京理工大学出版社刘派、武丽娟两位编辑的辛勤工作。

邱越

2018 年 2 月于北京